아빠와 함께하는

키즈
메이커

전파과학사에서는 독자 여러분의 책에 관한 아이디어와 원고 투고를 기다리고 있습니다. 전파과학사의 임프린트 디아스포라 출판사는 종교(기독교), 경제·경영서, 문학, 건강, 취미 등 다양한 장르의 국내 저자와 해외 번역서를 준비하고 있습니다. 출간을 고민하고 계신 분들은 이메일 chonpa2@hanmail.net로 간단한 개요와 취지, 연락처 등을 적어 보내주세요.

**아빠와 함께하는
키즈메이커**

—

초판 1쇄 인쇄 2016년 4월 11일
초판 1쇄 발행 2016년 4월 18일

—

지은이   강태욱, 강선우
펴낸이   손영일
편 집   손동석
내지디자인 김희진
표지디자인 정승연

—

펴낸곳   전파과학사
출판등록   1956년 7월 23일 제10-89호
주 소   서울시 서대문구 증가로 18, 연희빌딩 204
전 화   02-333-8877(8855)
팩 스   02-334-8092
이메일   chonpa2@hanmail.net
홈페이지   http://www.s-wave.co.kr
공식블로그   http://blog.naver.com/siencia

ISBN   978-89-7044-579-3 03400

Kids Maker

아빠와 함께하는

키즈
메이커

전파과학사

키즈메이커 어드벤처 가이드맵

01

출발

키즈 메이커 알기!

P9, P17, P19, P21, P53 보기

메이크 맛보기

유튜브 'maker faire' 검색하기
makermedia.com
koreasw.org 방문해 보기

다음 단계로

P107 , P193 보기

재료/도구 찾기

P154, P165 보기
CODE.ORG
play-entry.org
appinventor.mit.edu
방문하기

코딩 배우기

부모님의 관심

숙제가 너무 많아요

02

아두이노와 놀기

 P160, P165 보기

P29, P60 보기

메이크 장소 찾기

간단한 게임 코딩

Blogger
네이버, 다음, 구글(www.blogger.com)
블로그 만들기

03

P46 보기

작품 구상

블로그 기록 남기기

새학기 시작

의욕 저하

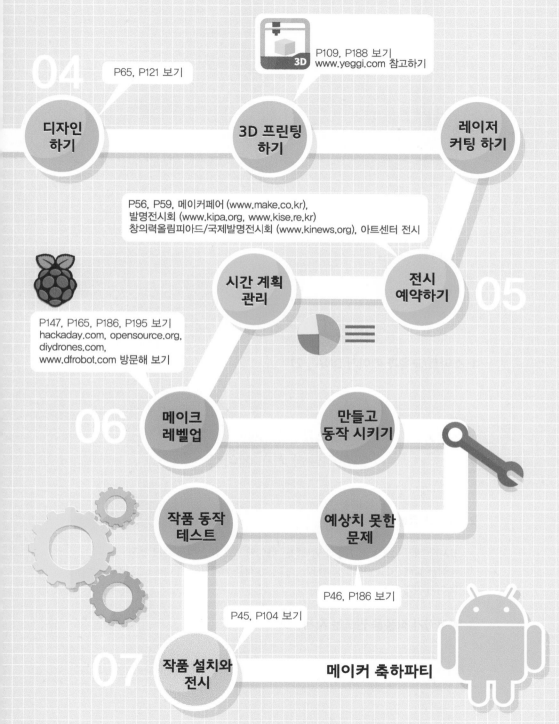

04

P65, P121 보기

디자인
하기

3D 프린팅
하기

P109, P188 보기
www.yeggi.com 참고하기

레이저
커팅 하기

P56, P59, 메이커페어 (www.make.co.kr),
발명전시회 (www.kipa.org, www.kise.re.kr)
창의력올림피아드/국제발명전시회 (www.kinews.org), 아트센터 전시

시간 계획
관리

전시
예약하기

05

P147, P165, P186, P195 보기
hackaday.com, opensource.org,
diydrones.com,
www.dfrobot.com 방문해 보기

06

메이크
레벨업

만들고
동작 시키기

작품 동작
테스트

예상치 못한
문제

P46, P186 보기

07

작품 설치와
전시

P45, P104 보기

메이커 축하파티

CONTENTS

메이커 운동에 대해 _ 9
머리말 - 강태욱 _ 11
머리말 - 강선우 _ 14
이 책에 대해서 _ 17
오픈소스 운동 _ 19

1. 스마트 교육과 메이커 DNA _ 21

PART 1 경험편
스토리텔링 키즈 메이커

2. 메이크 경험 _ 28

1 시작 계기 · 28 │ 2 가족과 함께하는 메이커 · 30 │ 3 작품 목표 결정 · 31 │
4 작품 함께 만드는 방법 생각하기 · 33 │ 5 작품 함께 만들기 · 35 │ 6 패밀리
메이커 위기 극복 · 46

3. 메이커가 작품을 만드는 자세 _ 50

4. 작품 만들기 _ 53

1 메이커 자세 · 53 | 2 작품 만들기와 전시 · 56 | 3 작품 전시 장소 선택하기 · 59 | 4 작품 만들 장소 예약하기 · 60 | 5 작품 전시에 고려할 점 · 61

5. 작품 메이크 이야기 _ 63

1 머리말 · 63 | 2 아트 – 셀 블룸 · 63 | 3 발명 - 재활용품을 이용한 스마트 먹이통 · 74 | 4 에너지 – 스마트 태양광 발전기 · 81 | 5 스마트 사회 – 스마트 홈 · 90

6 행복한 키즈 메이커를 위해 _ 104

PART 2 실전편
메이커 도구 활용과 코딩하기

7. 메이커 무기와 재료 알아보기 _ 108

1 형태를 만들기 위한 도구 · 108 | 2 형태를 설계하기 위한 소프트웨어 · 121 | 3 동작하는 작품을 코딩하기 위한 소형 컴퓨터 · 126 | 4 동작하는 작품을 만들기 위한 전자회로 · 133

8 메이크 방법 알아보기 _ 147

1 전자회로 동작방식 이해하기 · 147 | 2 코딩과 알고리즘 이해하기 · 151 | 3 스크래치 코딩하기 · 154 | 4 S4A 스크래치로 아두이노 코딩하기 · 160 | 5 아두이노 코딩하기 · 165 | 6 프로세싱 코딩하기 · 177

부록

9. 작품 메이크 과정 및 소스 코드 공유 커뮤니티 사이트 _ 186

10. 부품, 재료 및 도구 구입처 _ 193

11. 작품 메이크 시 사용된 주요 소스 코드 및 회로 구성도 설명 _ 196

1 머리말 · 196 | 2 조도 센서(광센서) 값 얻는 소스 코드 · 196 | 3 서보 모터 제어 소스 코드 · 198

12. 참고자료 _ 200

메이커 운동에 대해

최근 선진국을 중심으로 확산되고 있는 메이커 페어maker faire 운동은 영국의 스마트 코딩smart coding 교육과 맞물려 큰 파장을 주고 있습니다.

그림1
미국 백악관에서 진행된 메이커 페어 개최 연설.(Announcing The First-Ever White House Maker Faire and Obama joins inventors at White House Maker Faire. The White House, 2014.2.3, MANDEL NGAN/AFP/GETTY IM-AGES, 2014.6.18, Daily news)

일반적으로 메이커는 스스로 창의적인 아이디어를 생각해, 재미있는 것을 만들고, 그 과정들을 공유하는 사람을 말합니다. 즉, 메이크MAKE하는 사람이란 뜻이지요.

그림2 MAKE 운동(Maker Faire. MakeZine. Charlotte, 2010, World Maker Faire NYC, mommypoppins.com)

그림3 MAKE 운동 (Maker Faire. MakeZine. Charlotte, 2010, World Maker Faire NYC, mommypoppins.com)

　　메이커페어 운동movement은 메이커 잡지 출판사인 오렐리O'Reilly Media사에 의해 시작되었고, 현재 전 세계 메이커들이 이 운동에 동참하고 있습니다. 국내의 경우, 창의 · 융합적 인재를 육성하기 위해 국가에서도 많은 신경을 쓰고 있어 2014년 메이커페어Maker Faire부터는 미래창조과학부 등 정부에서 적극적으로 지원하고 있는 상황입니다.

머리말 – 강태욱

    본인은 두 아이를 둔 아버지이며 엔지니어입니다. 엔지니어로서 직접 무언가를 개발하고 만들어 보는 것을 좋아합니다. 사실 청소년들은 재미있는 것을 상상하고, 손으로 무엇을 만드는 것을 매우 좋아합니다. 장난감 조립이나 그림을 그리며 자신이 미래에 되고 싶은 로봇의 주인공, 동화 속 공주님, 영화 속 주인공, 우주 여행사가 되는 상상을 합니다.

그림4 어린 시절 자신의 꿈을 상상하며 그린 그림들(In Photos: Dream cars of the future, as drawn by children, 2015, Toyota Dream Car Art Contest)

    우리의 아이들은 안타깝게도 오직 좋은 대학, 안전된 직장에 들어가기 위해 어릴 때부터 치열한 경쟁에 내몰립니다. 이 때문에 자신의 꿈을 상상하고 만드는 즐거움은 접어두는 경우가 많습니다. 입시 경쟁으로 항상 긴장하고 있는 아이들에게 가족들 간의 대화도 점점 없어지는 것은 부수적으로 따라오는 부작용 중 하나입니다.

하지만 해외 선진국의 경우 학생들 모두가 자신의 꿈을 사회에서 펼치고, 공헌하며, 노력의 결과를 인정받는 교육을 만들기 위해 많은 노력을 하고 있습니다. 왜냐하면 이것이 오늘날 선진국의 핵심 경쟁력이기 때문입니다. 국가의 가장 큰 자산이 국민인데 국민들이 자신의 꿈을 사회에서 펼치고, 발전시켜 나가기 위해 노력한다면 선진국이 될 수밖에 없을 것입니다.. 반대로 교육 입시 경쟁의 낙오자로 낙인 찍혀 마땅히 갈 곳 없는 피해자들만 수없이 양산하는 교육정책이 가져오는 국가의 경쟁력은 계속해서 떨어질 수밖에 없을 것입니다.

지금 우리는 서로가 스마트 기기로 연결되어 국경과 공간의 제약이 없어진 디지털digital 기반 네트워크network 시대를 살고 있습니다. 최근 뉴스에서 어린이나 청소년들이 유튜브 채널을 만들어 사업을 하고, 물건을 팔고, 소프트웨어를 개발해 큰돈을 버는 모습을 종종 보게 되었습니다. 이들의 핵심 경쟁력은 이 책에서 이야기하고 있는 메이크 DNA입니다. 이들은 어느 나라에서 태어났건 자신의 경쟁력이 그 국가의 사회 체계에 순응해 자신의 꿈을 그것에 맞출 필요가 전혀 없습니다. 이런 기술들은 세계 시민으로서 자신의 꿈을 펼칠 기회를 만들어 줍니다.

그림5 메스마트 코딩 교육과 메이커 (Kids are coding in UK. digitalbroadcaster.co.uk. Creating music in classrooms using code teaches in next generation, University of Cambridge. Back to school: Canada lagging in push to teach kids computer coding, 2015, CBC News)

국가에서 최선의 방향을 계획해 하나씩 지시하는 방식으로는 잘사는 선진국이 될 수 없고 그런 방식은 이제 곧 구석기 유물이 될 것입니다.

메이커 운동에 참여하는 것은 무엇을 상상하고 만드는 과정을 아빠, 엄마, 가족이 함께하기 때문에 만드는 과정에서 서로 대화할 시간을 가질 수 있고, 입시 경쟁으로 지친 아이들의 오아시스가 될 수 있습니다. 아울러 메이크 과정에서 가족과 함께한 추억은 본인에게 소중한 기억으로 남을 것입니다. 필자는 아이가 태어나서 사회에 나갈 때까지 30년 인생이 스펙과 취업 공부 기억밖에 없다면 아이들이 어른이 되었을 때 억울해 하지 않을까라는 생각을 합니다. 아이들이 경쟁 속에서만 살아간다면 재미있는 것들을 많이 할 수 있는 이 세상에 태어난 의미를 찾기가 어렵지 않을까요?

그림6 무엇을 자기 손으로 만들 수 있다는 즐거움 (셀 오토마타 작품 전시, 2014, 서울 메이커 페어)

가족과 함께 메이크를 하다보면 얼굴에는 설렘, 뿌듯함 그리고 작품을 완성했을 때의 행복함을 함께 느낄 수 있습니다. 우리들의 인생이 상상하는 만큼 재미있는 작품과 즐겁고 소중한 추억들로 가득 차기를 바랍니다.

강태욱

강선우

안녕하세요. 저는 강선우입니다.

전 10살인 초등학생이면서도 메이커Maker입니다. 저는 만들기를 아주 좋아합니다. 저의 꿈은 과학자이며, 발명가입니다. 그래서 디자인하고, 상상하는 것을 생활에 많이 활용합니다. 특히 만드는 것을 아주 좋아하는데, 예를 들어, 장난감을 만들거나 그림을 그리며 만들 모습을 스케치하는 것, 로봇 만들기 등을 좋아합니다.

제가 메이커가 된 이유는 만들기를 좋아했기 때문입니다. 처음에는 메이커 페어Maker Faire에 그냥 재미로 (2학년 때) 시작해 보았습니다. 처음에는 서툴렀지만 점차 자신감이 생기고 '메이커가 이런 거구나'라는 즐거움이 느껴졌습니다. 다음에도 기회가 있다면 메이커 페어에 참가하고 싶다는 생각이 들었습니다. 이런 이유로 3학년 때도 메이커 페어에 참여하게 되었습니다. 그리고 메이커 페어에서 전시한 작품을 좀 더 잘 만들어서 예술 센터에 전시도 해 보았습니다. 전시된 작품은 지구 곳곳에 힘들게 살고 있는 어린이들의 모습을 희망이란 주제로 색칠을 할 수 있습니다. 이런 메이크 과정에서 레이저 커터, 3D프린터, 스크래치, 아두이노, 코딩 등을 자연스럽게 사용하게 되었습니다.

무엇보다 좋았던 것은 메이크를 하면서 쌓여진 많은 즐거운 추억과 경험입니다. 이런 과정을 통해 과학자가 되겠다는 다짐이 더 강해졌습니다. 메이커 페어에 참여하면서 느낀 보람과 더불어 메이커페어에서 판매한 작품으로 모금한 불우이웃 돕기 성금을 적십자에 기부할 수 있었던 점도 좋았습니다.

아빠가 앞에서 설명했듯이 아빠가 잘하는 것과 내가 잘하는 것을 구분해 작업했습니다. 작업한 과정들은 사진, 동영상 등으로 틈틈이 모아 두었습니다. 저는 만든 것을 다른 사람들과 공유하거나 책을 쓰고 싶어 하는 마음이 있습니다. 이런 것이 동기가 되어 이 책을 아빠와 함께 쓰게 되었습니다.

이 책은 다음과 같은 내용을 포함하고 있습니다.

1. 발명품을 만드는 과정

2. 재료 구하는 방법

3. 스마트 홈과 같은 작품을 만드는 과정

4. 메이크 하면서 재밌었던 점

5. 메이크 할 때 조심해야 할 사항

6. 아이들이 부모와 함께 작품을 만드는 과정

7. 선진국에서의 스마트 코딩, 메이커 교육 방법

8. 작품 만들면서 느낀 점

9. 어린이들도 메이커가 될 수 있는 이유

10. 오픈소스 이야기

11. 유명한 메이커 개발자들에 대한 이야기

마지막으로 이 책의 독자에게 다음과 같은 말을 전하고 싶습니다.

이 책을 읽고 많은 독자 여러분이 자녀와 함께 메이크 경험을 쌓았으면 좋겠습니다. 저는 어린이들도 메이커가 될 수 있다고 생각합니다. 해외의 아이들은 어릴 때

그림7 어릴 적 호기심, 상상력은 창의력과 만드는 재미를 얻는 힘입니다 (스마트 홈 작품 전시, 2015, 서울 메이커 페어)

부터 3D프린터, 레이저 커팅, 아두이노, 스크래치 등과 같은 도구를 이용해 만들기와 코딩을 하고 있습니다. 그 곳의 어린이들은 우리보다 더 어린 나이 때부터 장난감을 직접 만들고, 앱을 코딩하는 경우가 많습니다. 그러니까 아이들이 하고 싶다고 하면 "안 된다. 그런 건 어른이 하는 거야!"라고 말하기보다 "그래, 어릴 때부터 경험과 실력을 다져야지"라고 말해주세요. 우리나라에 또 다른 유명한 메이커가 나올지도 모릅니다.

강선우

이 책에 대해서

이 책은 우리의 아이들이 어떻게 선진국에서 하고 있는 메이커 운동, 스마트 교육을 가족과 함께 할 수 있을까라는 생각으로 메이크 과정에서 얻은 경험, 사례를 위주로 내용을 정리하였습니다. 모든 부모들이 우리의 아들, 딸들이 주입식 교육에만 매몰되지 않은 창의적 인재로 자라기를 바랍니다.

이 책의 내용은 실제 아이와 함께 참가한 메이커페어의 경험을 살려 저술한 것이며 아울러 아이도 이 책을 직접 디자인하고, 개발하는 데 함께 기여하였음을 밝힙니다.

이 책의 목적은 부모님, 선생님이 아이들과 함께 아이디어를 상상하고, 재미있는 것을 만들어 내는 과정과 경험을 공유하는 것입니다.

이 책에서 가능한 아두이노와 같은 가벼운 소형 컴퓨터 등을 이용해 작품을 만들어 보고 싶은 미래의 키즈 메이커와 부모님의 눈높이를 맞추려고 노력하였습니다. 또한 저렴하게 작품을 만들기 위해서 무료로 사용할 수 있는 오픈소스 기반 도구들을 활용하였음을 밝힙니다.

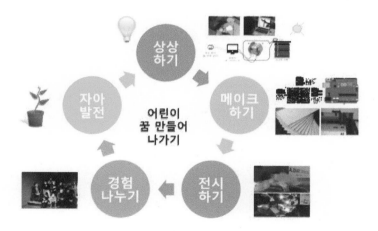

거의 모든 메이커 프로젝트, 도구 및 코딩 소스는 구글 검색googling(구글링) 을 통해 쉽게 찾아 사용할 수 있습니다. 이 책은 물고기를 직접 잡아주기보다는 잡는 방법을 알려주는 데 초점을 맞추고 있습니다. 아울러, 메이크를 위해 전체적으로 필요한 도구, 코딩 방법, 절차Process를 설명하였습니다.

부모로써 아이와 함께 여러 해 메이크 페어에 참여하면서 메이크하는 과정에서 경험한 다양한 문제들을 어떻게 해결해 나갔는지를 설명하기 위해 노력하였습니다. 이 내용은 아이들과 함께 메이크를 할 때, 어떤 점을 고려하고 무엇을 미리 준비해야 하는지를 가이드해 주는 키즈 메이커의 지침서 역할을 할 것입니다.

만능 스펙을 강요하는 주입식 교육에만 길들어진 우리 교육 문화에서 아이들을 학원에만 맡기지 말고, 가족과 함께 공부하고 무엇을 스스로 만들어 나가는 경험을 우리 아이들과 함께 했으면 하는 바람입니다.

오픈소스 운동

소스source는 정보와 지식의 원천입니다. 오픈소스open source 운동은 개발자가 개발한 소프트웨어를 무료로 공개하고 소프트웨어를 움직이는 소스 코드 자체도 무료로 공유하자는 생각으로 시작되었습니다.

이 운동은 사회적으로 큰 파급효과를 주어, 우리가 돈을 주고 사는 다수의 프로그램들이 오픈소스 기반으로 사람들에게 제공되었고 이에 자극을 받은 사람들이 다시 그 프로그램들을 개선하고 판매하여 큰 시장을 형성하였습니다.

아울러, 하드웨어의 제작 방법을 포함하고 있는 회로도 등의 전자 분야에서도 오픈소스 운동에 영향을 받아 아두이노Arduino와 같은 소형 컴퓨터가 만들어지기까지 하였습니다. 아두이노는 현재 교육용뿐만 아니라 상업적인 산업용 장비에도 응용되기 시작하였으며, IoTInternet of Things를 가장 저렴하게 구현할 수 있는 대안으로 활용되고 있습니다.

그림8
자유 소프트웨어 재단(FSF. Free Software Foundation) 리더 GNU 리처드 스톨만(Richard Stallman), 오픈소스 컴퓨터 운영체계 리눅스(linux) 개발자 리누즈 토발즈(Linus Torvalds), 오픈소스 저널리즘의 줄리언 어산지(Julian Paul Assange), 아두이노 개발자 마시모 밴지(Massimo Banzi) (Wikipedia)

오픈소스 운동은 지식을 얻는 과정 전체를 공개하고 사회를 변화시키는 정도까지 발전했습니다. 오픈소스는 현재 건축 등 다양한 공학 분야뿐 아니라 산업계, 사회단체 및 세계 정부에도 큰 영향을 주고 있으며, 모두 함께 경험, 지식과 삶의 태도를 나누는 사회를 만들어 가고 있습니다.

본 책에서는 오픈소스인 아두이노, 프로세싱과 같은 도구를 이용해 메이크를 합니다.

본 책과 관련된 소스 코드 및 상세한 작업 내용 다운로드 방법

이 책과 관련된 모든 소스 코드, 회로도 및 작품 메이크 과정 등은 직접 따라서 작업할 수 있도록 책 본문과 부록에 관련 웹사이트 링크 등을 자세히 표시하였습니다.

아울러, 작품 메이크 사례에서 직접 아이와 만들어 전시한 내용이나 소스 코드 등은 다음 키즈 메이커즈 사이트에서 다운로드할 수 있도록 공유되어 있으니 참고하시길 바랍니다. 관련 내용들은 돋보기로 표시된 검색창에서 관련 내용들을 검색할 수 있습니다.

• http://daddynkidsmakers.blogspot.kr/

스마트 교육과
메이커 DNA

최근 선진국을 중심으로 강조되고 있는 스마트 교육, 코딩 교육을 강조하는 이면에는 중요한 배경이 있습니다. 그것은 전 세계 산업이 디지털 기반 생산 및 소비 체제로 급격히 변화하고 있다는 것입니다. 이는 산업화, 정보화 혁명 이후의 5세대 혁명이 바로 코앞에 다가왔다는 것을 의미합니다.

스마트 교육은 이런 시점에서 이러한 시장을 주도할 수 있는 창조적인 다빈치형 인재를 육성하는 것을 목표로 삼고 있습니다. 이와 관련된 대표적인 인물은 여러분이 잘 아시는 바와 같이, 스마트폰 혁신을 일으킨 스티브 잡스, PC 산업 혁신을 일으킨 빌 게이츠, 인터넷 검색 플랫폼을 개발한 구글의 래리 페이지와 세르게이 브린, 소셜 네트워크 혁신을 일으킨 마크 저크버그 등입니다.

그림9 스티브 잡스(Steve Jobs, flickr.com. Matthew Yohe, 2010, wikipedia)

이들의 공통점은 모두 컴퓨터나 전자회로를 이용해 무엇인가 만드는 것을 매우 좋아하는 메이커였다는 것입니다.

이들의 학생시절 때 모습은 우리와는 사뭇 다릅니다. 일반적으로 우리나라 학생들은 새벽에서 밤늦게까지 학교나 학원을 다니고, 스펙을 쌓는데 많은 시간을 보냅니다. 반면, 이들은 학생 때 집에서 전자회로를 이용한 전자회로 키트 개발, 재미있는 프로그램들을 개발하며, 직접 제품을 만들어 팔기도 하고, 같은 취미를 가진 사람들끼리 커뮤니티를 만들어 서로의 실력을 뽐내고 지식을 공유하였습니다.

이들의 메이커 기질은 본인들이 꿈꾸는 세상을 만들기 위해 PC, 스마트폰, 인터넷 검색엔진, 소셜 네트워크 혁신을 일으키는 원동력이 되었습니다.

많은 사람들이 이러한 성공을 놀라워했고 어떻게 그들이 이런 창조성을 가지게 되었는지를 분석했습니다. 그들이 주목한 것은 그들 스스로 창의적인 아이디어를 생각하고 만들 수 있는 메이커였다는 것입니다.

이들이 세상을 대하는 습관은 다음과 같습니다. 그들은 스스로 무엇을 만들고, 창조하고, 세상을 가치 있게 변화시키는 것을 좋아했습니다. 그들은 무엇을 개발하면 그 노하우를 숨기기보다 커뮤니티에 개발한 과정을 공개하고, 피드백을 받아 더욱 좋은 것을 개발하는 방식을 취했습니다. 그들은 개발한 것을 다른 사람들이 손쉽게 사용할 수 있는 방법을 공개했습니다. 더 나아가, 이런 방법들을 다른 평범한 사람들이 손쉽게 사용할 수 있도록 플랫폼을 만들어 제공했습니다. 이런 과정을 통해 이들은 세상을 혁신적으로 변화시켰습니다.

우리는 이들이 만든 플랫폼인 스마트폰으로 화상통화를 하고, 숙제를 하다가 궁금한 점을 알기 위해 구글 검색을 하며, 친구들과 취미 생활을 공유하기 위해 페이스북과 같은 소셜 네트워크를 합니다. 이런 모습은 우리의 생활에서 매우 일상적인 모습이 되었습니다. 그만큼 이런 플랫폼을 제공할 수 있는 사람은 사회적으로 크게 조명 받고 큰 명예와 부를 얻고 있습니다.

저는 이들이 세상을 대하는 습관을 메이커 DNA라 말하겠습니다. 이런 메이커 DNA를 가진 사람들이 세상을 변화시키고 있는 것입니다.

메이커들은 현재 스마트 로봇을 만들고, 스마트 홈을 개발하며, 스마트 팩토리 Factory(공장)를 만들고 있습니다. 메이커들이 상상하는 것은 암 진단 키트부터 무한한 에너지 개발, 저렴한 우주여행, 가상세계와 증강현실 등 분야의 제한이 없습니다. 그리고 메이커들에 의해 저렴하지만 누구나 쉽게 만들 수 있는 소형 컴퓨터부터 인공위성까지 모든 노하우 knowhow(지식)가 오픈소스화 되고 있고, 이를 바탕으로 제2, 제3의 스티브 잡스가 나오고 있습니다.

이 책은 우리가 어떻게 메이커 DNA를 얻을 수 있는지를 어린이와 부모의 관점에서 이야기하고 있습니다. 각 장은 오픈소스로 사용할 수 있는 도구를 설명하고 쉽게 따라할 수 있도록 되어 있습니다. 각 장의 내용은 다음과 같습니다.

1장 – 스마트 코딩과 메이커 운동 배경에 대해 이야기합니다.

2장 – 메이커 경험은 어떤 것인지 이야기합니다.

3장 – 메이커가 작품을 만드는 에너지와 관련된 자세에 대해 이야기합니다.

4장 – 작품 만들기와 전시하기 방법을 구체적으로 알아봅니다.

메이커 자세, 작품 만들기와 전시 방법, 작품 전시 장소 선택, 작품 만들 장소 예약, 작품 전시 고려사항을 경험한 내용을 바탕으로 이야기합니다.

5장 - 작품을 메이크한 과정을 실제 사례를 바탕으로 이야기합니다.

작품 메이크 사례를 크게 예술art(아트), 생활 발명품, 에너지, 스마트 사회로 구분하여, 실제 메이크한 경험을 바탕으로 이야기합니다.

6장 - 행복한 키즈 메이커를 위해 필요한 것이 무엇인지 생각해 봅니다.

7장 - 메이커 무기와 재료를 알아봅니다.

형태를 만들기 위한 도구(절삭, 연마, 접착, 3D프린트, 레이저커팅 등), 형태를 설계하기 위한 소프트웨어(스케치업, 라이노, 오토캐드 등), 동작하는 작품의 두뇌인 소형 컴퓨터(아두이노 등), 동작하는 작품을 만들기 위한 전자회로(센서, 모터 및 전자 부품 등)를 이야기합니다.

8장 - 메이크 방법을 알아봅니다.

전자회로 동작방식, 코딩과 알고리즘을 이해하고, 스크래치 코딩, S4A 스크래치로 아두이노 코딩, 아두이노 코딩, 프로세싱 코딩 방법을 이야기합니다.

9 ~ 10장 - 작품을 메이크 한 전체 과정을 따라할 수 있게 소스를 공유한 사이트 소개, 공작 공구·부품·재료 구입처와 참고자료로 이루어져 있습니다.

각 장의 내용은 독립적으로 읽을 수 있습니다. 각 장의 내용을 보다가 궁금한 부분이 있다면 관련 장을 보면 이해할 수 있도록 되어 있습니다.

마지막으로, 작품을 설계하고, 전시할 때, 아이들을 지원해 주고 도와줄 수 있는 아빠나 엄마의 역할이 중요하다는 점을 알리고 싶습니다. 아이들이 무엇을 만들고 싶다고 할 때, 그냥 가볍게 듣지 말고 어떻게 아이들의 아이디어를 만들어 볼 수 없을까, 만들어 가는 과정을 경험시킬 수 없을까, 그리고 무엇을 만들어 냈을 때의 성취감을 함께 공유할 수 없을가를 고민하는 것이 중요합니다. 부모님들 입장에서 아이들 수준에서 할 수 있는 것들과 없는 것들을 구분해 힘써 도와 줄 수 있는 마음이 필요합니다.

그럼 행복한 발명가, 키즈 메이커가 되어 보아요.

PART 1
경험편

스토리텔링
키즈 메이커

2

메이크
경험

1 시작 계기

이 장에서는 평소 저는 건물의 공간과 빛이 만드는 아름다움, 화려한 컴퓨터 그래픽, 경이로운 인공지능과 재미있는 로봇에 관심이 많았습니다. 이런 기술들을 이용해 공간과 사람이 서로 반응하고 이야기하면 얼마나 재미있을까라는 상상을 했습니다. 그리고 2012년 건축분야 지인들과 만원 정도로 매우 값싼 명함 크기의 컴퓨터인 아두이노와 관련 소프트웨어를 공부하기 시작했습니다.

이와 관련해 공부를 하던 중에 매우 흥미로운 내용이 가득 찬 메이크진Makezine이란 DIYDo It Yourself 잡지를 발견했습니다. 오렐리O'Reilly media사가 출판한 메이크진은 세계의 많은 메이커들이 만든 작품의 모든 제작 과정들을 소개하고 공유하고 여기서 소개된 아두이노 보드와 같은 명함 크기의 소형 컴퓨터, 이를 이용해 제작된

그림1
메이크진에서 소개된 다양한 작품 개발 방법
(O'Reilly media)

3D프린터, 드론, 재미있게 동작하는 각종 로봇, 장애인용 의수, 3D프린팅 자동차, DIY 인공위성 등은 저의 관심을 자극하기 충분하였습니다.

그 당시 저는 전공과 관련된 컴퓨터 기반 건축 디자인에 대한 책을 쓰고 있었습니다. 책이 출판된 후 관련 커뮤니티에서 세미나 요청이 있어 강의를 하였는데, 그때 오신 많은 분들이 이런 기술들을 소개한 것에 대한 뜨거운 반응이 있었습니다. 이에 자극받아 좀 더 깊이 공부할 필요성을 느꼈습니다.

그리고 세미나에서 만난 건축가 및 예술가 분들과 연말 그룹 전시를 하게 되면서 관련 작업 공간을 알아보게 되었습니다. 작업 공간을 대여하기에는 너무 비싸고, 작품 제작과 관련된 장비를 구입하기에는 부담이 있었습니다. 저는 가능한 무료로 모든 공간과 장비를 사용할 수 있는 곳을 알아보기로 하였습니다.

2014년도에는 정부의 지원을 받은 패브랩FabLab이란 공작소가 전국에 생기기 시작했습니다. 제가 살고 있는 곳과 멀지 않은 곳에 과천 무한상상실이 있었습니다. 이곳은 큰 작업 공간, 레이저 커팅기, 3D프린터, CNC 머신 등이 갖춰져 있고 모든 것이 무료였기 때문에, 메이커로써 작품을 제작하기에 최적의 장소였습니다. 이 곳의 공간을 사용하기 위해서는 프로젝트 제안서를 제출하고, 내부 심사를 통과해야만 그 공간을 사용할 수 있었습니다.

연말 작품 전시 주제로 프로젝트project 제안을 신청했고 사용을 허락받아 모든 장비와 제작 공간을 장기간 동안 사용하게 되었습니다.

그림2 무한 상상실 이용을 위한 프로젝트 제안서와 무한상상실 (2014년 연말 아트 센터 전시를 위해)

2 가족과 함께하는 메이커

2014년 초에는 우리나라도 메이커 운동에 관심을 갖게 되었고 정부에서는 메이커 운동을 지원하기로 합니다. 2014년도는 정부에서 지원한 서울 메이커 페어 2014가 있던 해입니다.

2014년 서울 메이커 페어와 연말에 전시할 작품을 아이와 함께 제작하기로 하였습니다. 굳이 혼자해도 될 일을 아이들과 함께 만들기로 한 이유는 몇 가지가 있었습니다.

첫 번째, 메이커 운동을 공부하고 경험해 보니, 해외 선진국의 많은 아이들이 메이커 운동에 동참하고 있을 만큼 개방된 문화로 급격히 발전하고 있다는 것을 느꼈기 때문입니다.

두 번째, 메이커가 사용하는 도구, 정보들이 모두 공개되어 있고, 손쉽게 사용할 수 있어 어린이들도 어른들이 도와준다면 재미있는 작품들을 만들기 쉬워졌다는 것을 알게 되었습니다.

세 번째, 앞서 설명한 바와 같이 가족들과 작품을 만들면서 소중한 추억들을 쌓고 싶었기 때문입니다. 미래에 아이들이 다 커서 주말에 가족들에게 신경 쓰지 않은 무심한 아빠였다 라는 말을 듣기 싫었고, 부수적으로 아이들의 공작 경험과 능력을 키워줘 만드는 즐거움을 느끼게 해주기 위한 생각도 있습니다.

특히, 딸이라고 치마만 입고 얌전히 공부만 하다가 시집가서 살기보다는 드릴과 코딩을 이용해 자신이 필요한 것들을 직접 고치고, 만들며, 세상을 살아가는 생활력 있는 사람이 되기를 바랐습니다.

네 번째, 아울러 주말에 공작 시간을 와이프로부터 얻기 위한 전략도 있었습니다. 남편이 주말마다 집에 나갔다가 늦게 들어온다면 이를 달가워할 아내는 없을 것입니다. 발상의 전환이 필요합니다. 가족과 함께하는 시간을 떼어내 작품을 하는 것이 아니라, 작품을 도구로 가족과 함께하는 시간을 갖는 것이죠.

가족들에게 전혀 도움이 되지 않고 이들이 싫어하는 활동 속에서 좋은 작품은 나올 리가 없을 겁니다. 게다가, 이런 활동이 가족과 함께하는 시간을 없애는 방향이라면 작품 활동이 지속적일 수 없겠다는 생각도 들었습니다.

하지만 가족과 함께 한다면 이야기는 달라지겠죠. 사실, 무엇을 상상하고 만드는 것은 남녀노소 불문하고 매우 재미있어하는 일입니다. 아내에게 가족과 작품을 함께 만들고, 연말에 작품을 전시하자는 아이디어를 이야기 하자 본인도 적극 참여하고 싶어 했습니다. 이런 상황이었기 때문에 본인의 작품 제작 시간을 아내로부터 허락받기 위해서라도 가족의 참여는 필수였습니다.

패밀리^{family} 메이커로 작품을 제작하는 것이 이상적이지만 쉽지는 않습니다. 아내는 일이 있어 결국 참여하지 못했습니다. 작은 아이도 아직 너무 어렸기 때문에 함께 하지 못했습니다. 그러나 아내는 주말에 공작을 위해 외출하는 우리를 위해 도시락과 간단한 간식을 싸주며 응원했고, 작은 아이는 아빠를 독점하는 언니를 샘내지 않고 자랑스러워하게 되었습니다. 큰 아이는 그 당시 비록 초등학교 2학년이었지만 다행히도 로봇창의공학 방과 후 교실에서 로봇과 각종 센서를 조립하고 조립식 프라모델 장난감을 만들거나 스크래치와 같은 코딩 도구를 사용하던 경험이 있어 큰 어려움 없이 함께 참여할 수 있었습니다.

3 작품 목표 결정

주말마다 함께 작품을 만드는 작업은 많은 시간과 노력을 필요합니다. 굳이 소중한 주말에 이런 노력을 할 필요가 있는지, 작품을 만들기 전에 작품을 만드는 이유를 타당하게 가족들과 이야기할 필요가 있습니다.

그러지 않으면 작품을 제작하다가 힘든 일이 발생하면 만드는 과정이 흐지부지

될 수 있기 때문입니다. 이럴 경우 잘못하면 즐거워야할 추억이 생각하기 싫은 기억이 됩니다.

본인의 경우 메이커 페어에 참가하기 전에 아이와 다음과 같은 질문과 대화를 충분히 하려 노력하였습니다.

> 아빠 재미있는 장난감을 만들고, 서로 자랑하고, 만드는 과정을 서로 공유하는 메이커 페어란 행사가 서울에서 열린다고 해. 한번 참가해 볼까?

> 딸(선우) 재미있는 건가요? 어떻게 참가해요? 참가하면 무엇이 좋아요? 무엇을 어떻게 만들어야 해요? 재미있을 것 같긴 한데, 어렵지 않을까요?

메이크를 할 때는 혼자만 보는 자기 만족형 작품을 만드는 것보단 자신이 만든 작품을 다른 사람에게 보여주겠다는 공유형 작품을 만드는 것이 좋습니다. 작품을 다른 사람에게 공유하기 위해 전시를 계획하고, 전시 일정을 다른 사람들에게 알림으로써 작품을 만드는 동기를 얻을 수 있습니다. 사람들에게 본인의 작품을 보여줌으로 긍정적인 자극도 얻을 수 있습니다.

작품을 보여줄 곳이나 수준을 선택해야 했는데 작게는 가족과 친지들에게 보여주는 수준에서, 크게는 해외에 작품을 전시하는 것까지 생각할 수 있습니다. 물론 해외에 작품을 전시하는 것이 쉽지는 않습니다.

하지만 "경험도 별로 없는 우리가 어떻게 처음부터 해외에 전시할 수 있겠어"라는 닫힌 생각보다는 열린 생각을 하는 편이 우리에게 더 좋은 가능성과 즐거운 경험을 줄 수 있다고 생각했습니다.

우리의 경우에는 국내에서 작품을 공식적으로 전시해 보기로 했습니다. 2014년은 서울에 2차 메이커 페어가 있었고 공식적으로 정부에서도 관심을 갖고 지원해 주고 있었습니다. 가족 메이커가 데뷔하기에 적절한 장소였죠. 이런 이유로 메이커 페어에 참가하기로 하였습니다. 아울러 유로디자인 아트센터의 연말 작품 그룹 전시도 함께하기로 하였습니다.

메이커 페어는 8월쯤에 있었고 유로디자인 아트센터 전시는 12월 초에 있었습니다. 작품 제작을 시작한 것은 5월쯤이었기 때문에 시간은 있었습니다.

4 작품 함께 만드는 방법 생각하기

아이와 함께 작품을 만드는 과정은 매우 즐거웠습니다. 우선, 아이와 함께 시간을 보낼 수 있고 아이도 의외로 재미있어 하며 잘 따라와 주었기 때문입니다.

이 시점에서는 중요한 질문은 다음과 같습니다.

> **아빠** 무엇을 만드는 게 재미있을까? 어떤 발명품이 사람들에게 도움을 줄 수 있을까? 사람들이 좋아할만한 것이 무엇일까?

> **딸(선우)** 학교에서 배웠던 에너지 수호천사(지구의 에너지 절약 실천을 하는 재단)를 주제로 하면 어떨까요? 최근 뉴스에서 나오는 에너지를 아낄 수 있는 스마트 홈이 어떨까요?

작품 주제를 정한 후에는, 이 작품을 실제로 함께 만들 수 있는지를 생각해 보아야 합니다. 본인이 작품을 만들고 싶다는 의지가 있더라도 실제로 작업 시간, 체력 등에 한계가 있을 수 있습니다. 예를 들어, 메이커 페어가 열리기 한 달 전부터는 주말 내내 작품을 만들어야 합니다. 초등학교 어린이의 경우에는 어른도 힘들어 하는 작품 제작 과정을 아침 10시부터 저녁 6시까지 하는 것은 쉽지 않습니다.

이런 상황을 고려해서 작품 제작 의욕을 꺾을 수 있는 위험 요소, 작품 제작 시 어린이와 분업할 수 있는 부분들을 고민하기 시작했습니다.

우선, 체력 한계로 하루 종일 아이와 함께 작품을 제작하지 못할 수도 있기 때문에 무한상상실에 갈 때는 딸이 남는 시간에 본인이 하고 싶어 하는 몇 가지를 챙겨 갔습니다. 아울러 와이프에게 주말을 허락받은 대신 주말에 아이가 직접 해야 하는 숙제도 함께 가져갔습니다.

1) 그림 그릴 색연필, 도화지 등
2) 정보 검색이 가능한 무선 인터넷을 지원하는 노트북, 스마트 패드 등
3) 각종 학교, 학원 숙제들
4) 간식거리

작품 제작 단계는 다음과 같이 몇 단계로 나눌 수 있습니다. 분업을 위해서 어떤 단계를 아이와 할 수 있는지 생각해 보았습니다.

1) 작품 상상하기
2) 작품 디자인하기
3) 작품 만드는 방법 생각하기
4) 작품 제작 재료 구입하기
5) 공작 부품 제작, 연마 및 조립하기
6) 작품 반응하고 움직이게 하기
7) 작품 통합하고 테스트하기: 각 부분별 제작된 것을 통합 · 조립
8) 개선하기: 테스트한 결과를 반영해 작품을 개선
9) 자료 남기기: 지금까지 작업 과정을 정리해 자료로 남김

5 작품 함께 만들기

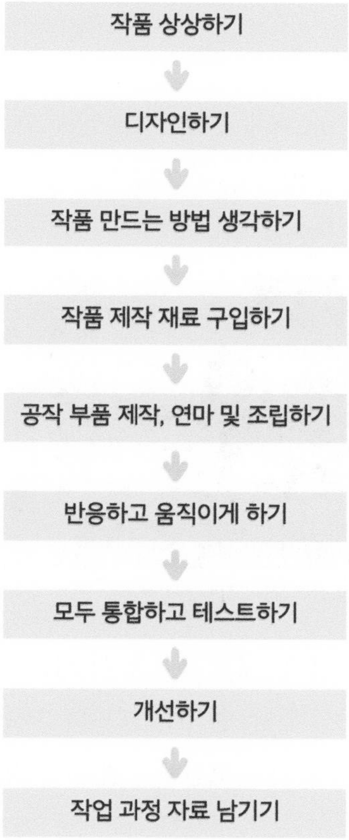

작품 상상하기

⬇

디자인하기

⬇

작품 만드는 방법 생각하기

⬇

작품 제작 재료 구입하기

⬇

공작 부품 제작, 연마 및 조립하기

⬇

반응하고 움직이게 하기

⬇

모두 통합하고 테스트하기

⬇

개선하기

⬇

작업 과정 자료 남기기

그림3
작품을 만드는 단계

잘 생각해 보면 이 단계들 중에서 1)에서 9) 단계까지는 대부분 아이들과 함께 할 수 있는 것들입니다.

이런 단계들을 모두 부모와 아이가 서로 질문을 하면서 구체화하는 과정이 메이크의 핵심입니다. 사소한 질문이라도 즐겁게 진행하는 것이 중요합니다.

아빠 이 작품을 메이크 하기 전에 고민해야할 것은 무엇일까?

딸(선우) 무엇을 이용해서 만들지, 재료가 어떤 것이 필요한지, 작품의 동작 원리 등을 고민할 필요가 있어요. 예를 들어, 스마트 먹이통은 30분에 몇 번씩 먹이가 나와야 하는 것인지, 불우이웃 돕기에 사용할 팬던트는 몇 개 만들지 등...

메이크의 결과보다는 과정이 훨씬 중요합니다. 그 과정에서 결과보다 더 많은 것을 아이들은 얻어갈 것입니다.

1) 작품 상상하기

이 단계는 아이와 함께 작품 이야기를 나누는 시간으로 크게 부담이 되지 않는 시간입니다. 제 경우에는 작품의 목적과 전달해 주고 싶은 메시지, 작품의 형태 및 작품 아이디어 등을 서로 시간이 있을 때마다 이야기를 나눴습니다.

상상해 본 작품은 간단한 스케치를 통해 작품을 구체화합니다. 스케치는 머리속으로 상상할 수도 있고, 종이에 간단히 그려봄으로써 아이디어를 구체화할 수도 있습니다. 굳이 형식에 매일 필요 없이 다양한 방법으로 작품의 아이디어를 구체화합니다.

이 단계 또한 아이들과 함께할 수 있는

그림4 작품 함께 상상하기

것입니다. 크게 어렵지 않습니다. 다만, 작품의 형태, 크기, 재료 등을 함께 의논하고 결정해야 합니다. 그리고 어린이가 포함된 가족이 함께 할 수 있는 정도의 작품 만들기를 생각할 필요가 있습니다. 작품을 만드는 방법도 함께 고민해야 합니다. 작품을 함께 만드는 시간 등을 미리 계획하면 시간을 효과적으로 사용할 수 있습니다. 이런 것들을 미리 생각해 놓으면 작품을 만들 때 큰 도움이 됩니다.

2) 작품 디자인하기

상상하고, 스케치한 작품을 디자인해 봅니다. 디자인은 사람들이 작품을 보았을 때 작품의 메시지가 무엇인지 확실히 알 수 있는 형태와 동작 방식을 가지고 있어야 합니다.

스케치된 작품의 정확한 형태를 디자인하기 위해 캐드 도구를 사용하였습니다. 하지만 작업을 하다 보면 디자인에서 실수를 하는 경우도 있고, 사용하려는 MDF Medium Density Fibreboard(의 약자로, 중간 밀도의 섬유판입니다. 원목을 잘게 잘라

그림5 작품 스케치하기 (스마트 홈)

섬유조직만 추출하여, 접착제로 붙여 압축해 판형태로 만든 재료입니다) 두께가 디자인과 달라 패널의 홈이 파여지는 폭과 맞지 않는 경우도 생깁니다.

이런 경우 세부적인 선 편집이 필요한 경우가 많은데 이 부분들은 몇 가지 캐드 명령으로만 수행하면 되는 작업들의 반복입니다. 이런 작업들도 몇 가지 캐드 명령을 알려주고 연습을 시킨 후, 디자인 수정 작업을 하도록 하였습니다. 예를 들어, 아이들에게 캐드 도면의 선을 자르거나 연장하기, 도형 복사하기, 폴리라인 연결하기 등 세부 편집 명령을 도면뷰 확대/축소/이동 기능과 함께 미리 알려주고 작업을 하게 하였습니다. 그 동안 저는 다른 일을 하였습니다.

일을 시켜보니 거의 한 시간 이상 캐드 편집을 집중해 하다가 지치면, 잠시 무한 상상실의 이곳저곳 구경하다가 다시 작업을 하더군요. 재미있어 하기에 본인이 즐겨 그리는 캐릭터를 스플라인이나 폴리라인 명령을 몇 번 가르쳐 주고 캐드로 그리

그림6 디자인 수정하기

게 하였습니다. 열심히 작업하는 딸의 모습이 매우 예뻐보이더군요. 싸가지고 간 도시락도 맛있게 함께 먹으며 작업을 하였습니다. 이런 모습을 모두 카메라와 캠코더로 담았습니다. 이런 좋은 추억은 가족과 함께 메이크하며 얻을 수 있는 많은 것들 중 하나입니다.

3) 작품 만드는 방법 생각하기

작품을 만드는 방법은 디자인에서 보통 어느 정도 결정됩니다. 작품을 만드는 방법도 함께 의논하면서 자세한 내용을 정리할 수 있습니다. 예를 들어, 작품 만들 장소, 작품 재료, 공작 방법 등을 서로 이야기할 필요가 있습니다.

장소는 최근 많이 늘어난 무한상상실, 패브랩FabLab 등을 이용하거나 인

그림7 작품 만드는 방법에 대해 함께 생각해 보기(roberto baldwin, 2014, Keep your kids busy with science at Google and Maker's 3rd annual online DIY Maker Camp, TNW News)

터넷에 기본 제작을 맡기고, 배송을 받아 집에서 가공하는 방법 등을 생각해 볼 수 있습니다. 재료는 작품의 유형에 따라 매우 다양해 질 수 있습니다. 만약 목공이라면 레이저나 톱으로 절단하고, 가공하기 용이한 MDF를 주로 많이 사용합니다. 만

그림8 다양한 작품 제작 장소들 (무한상상실, 패브랩, 인터넷 제작소)

그림9
작품 목적과 형태를 고려한 재료를 사용하자
(MDF, 패브릭-Fabric, 알루미늄 프로파일)

약 인형과 같은 작품이면 천과 같은 패브릭 소재를 사용해 감성적인 작품을 만들 수 있습니다. 만약 작품 크기가 크고 무게가 있는 무언가를 매달아야 하는 경우에는 알루미늄 프로파일aluminum profile을 사용할 수도 있습니다.

어떤 재료를 사용할지는 작품에 따라 달라지므로 이를 고려해 어떤 재료를 사용할지 함께 이야기해 볼 수 있습니다.

공작 방법은 유튜브, 인터넷 DIY 사이트, 커뮤니티 등에서 배울 수 있습니다. 예를 들어, 각 공작 도구에 대한 사용법은 유튜브에 도구 이름을 입력해 검색해 볼 수 있습니다. 보통 드레멜dremel과 같은 공구는 매우 유명하기 때문에 네이버와 같은

그림10 유튜브(youtube), 다양한 DIY 관련 사이트 및 커뮤니티에 공작 방법 검색하기 (Tuomas Soikkeli, 드레멜로 조각하기 - Carving a deer/ reindeer relief with Dremel)

국내 웹사이트에서도 검색할 수 있습니다. 국내 웹사이트에서 검색되지 않은 공작 도구는 구글에서 영어 키워드로 검색하면 대부분 관련 정보를 확인할 수 있습니다. 공작 도구들을 어떻게 사용하는지 함께 공부해 볼 수 있습니다.

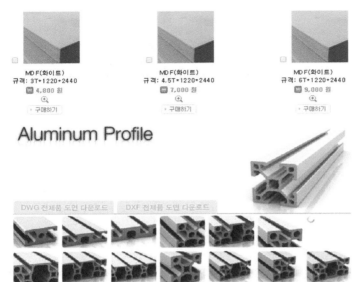

그림11 재료 주문하기 (보통 치수, 두께에 따라 가격이 달라지며 가공을 해 줍니다)

4) 작품 제작 재료 구입하기

작품을 만드는 방법을 결정하였다면 이제 작품을 제작할 재료를 구입해야 합니다. 아이와 함께 작품에 들어가는 재료를 쇼핑하는 것도 즐거움입니다.

예를 들어, 목공 작품이라면 재료는 인근의 목공소나 인터넷을 통해 주문해야 합니다. 보통 MDF 2.8m×1.5m×4mm 의 경우 1~2만원 정도 하며, 배송비는 2~3만원 정도 추가됩니다. 알루미늄 프로파일 같은 경우 20×20mm에 1M길이일 때, 3,000~5,000원 정도 합니다. 배송비는 별도로 지불해야 하나 그리 비싸지는 않습니다.

5) 공작 부품 제작, 연마 및 조립하기

어린이가 들기 어려운 무거운 공구를 이용해 작업해야 하는 부분이나, 치수를 정확히 제도하고, 측정해야 하는 디자인 작업은 어른이 해야 할 것들로 생각했습니다.

하지만 그리 크지 않은 레이저 커팅된 패널들을 조립하거나, 연마하는 것은 어린이도 충분히 할 수 있는 것들입니다. 이런 공작은 장난감을 만드는 것과 비슷해서인지 매우 집중해서 가공하고 조립했습니다.

이외에 공구를 사용하기 전에 그리고 사용한 후에 다음과 같은 점을 질문하고 대화하였습니다.

> **아빠** 공작하고, 부품 연마할 때, 조심해야 할 부분들은? 힘들었던 점은? 그리고 이런 경험을 한 후에 어떤 생각을 했어?

> **딸(선우)** 드릴과 같은 연마기를 손이나 신체에 너무 가까이 두지 말아야 해요. 왜냐하면 너무 손이나 신체를 너무 가까이 두고 연마를 하면 손이나 신체가 다칠 수 있기 때문이죠. 접착제가 손에 붙지 않게 사용하는 것도 중요해요. 접착제가 묻은 손으로 눈을 비비면 위험해요. 잘 모를 때는 도구를 잘 아는 분의 시범을 보고 나서 방법을 익히는 게 중요하다는 것을 느꼈어요.

공구를 사용하는 방법은 어른이 알려주고 코칭할 필요가 있습니다. 고속으로 회전하는 공구 등에 손이 다칠 수도 있기 때문입니다. 예를 들어, 제가 먼저 연마 공구를 다루는 시범을 보이고 따라하게 한 후, 공구를 잘못 사용하거나 위험하게 사용하는 부분이 있다면 알려주고 다시

그림12 아빠와 가공 및 연마하기

함께하는 식으로 작업하는 방법을 익히게 했습니다. 이런 작업은 안전이 첫 번째로 중요합니다. 그러므로 처음 작업할 때는 옆에서 공작하는 모습을 지켜보고 조심하도록 해야 합니다.

6) 작품 반응하고 움직이게 하기

작품을 반응하고 움직이게 하는 방법은 여러 가지가 있습니다. 예를 들어 오토마타 방식은 자체적으로 동작하는 기계로 기어나 태엽 등을 이용해 바람개비를 돌리거나, 인형을 움직이게 하거나, 음악을 연주할 수 있습니다.

또한 아두이노와 같은 소형 컴퓨터와 센서를 이용해 빛이 밝아지거나, 어두워질 때, 음악이 들리거나, 모터를 작동시켜 인형 등을 움직이게 할 수도 있습니다.

어떤 작동되는 작품을 만들어 볼지는 구글링 등을 통해 함께 의논하고 아이디어를 모아볼 수 있습니다. 다음은 구글링을 통해 발견할 수 있는 오토마타 및 아두이노 관련 사이트입니다. 이 중 몇몇은 가입하는데 약간의 금액을 내야 하지만 대부분 무료로 이용할 수 있는 따라하기 동영상이나 글들이 더 많습니다.

여기서 제공되는 동영상들은 대부분 작품을 만들기 위한 재료나 방법을 친절하게 따라하기 식으로 알려주고 있고 어린이들도 쉽게 공작할 수 있는 것들이 많이 있습니다.

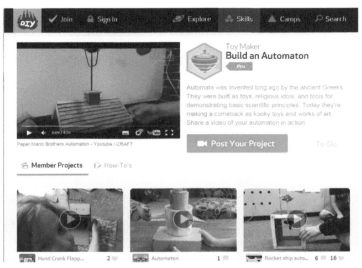

그림13
오토마타 공작하기
(Toy Maker - Build an Automation, DIY Camps, https://diy.org/)

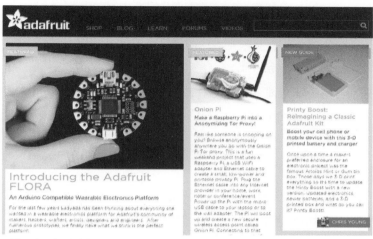

그림14 아두이노 공작하기 (Adafruit - learn site, https://learn.adafruit.com/)

7) 작품 통합하고 테스트하기: 각 부분별 제작된 것을 통합·조립

간단한 작품이라면 작품을 구성하는 부품이 별로 없을 것이므로 이 단계가 필요하지는 않습니다. 하지만 많은 부품을 공작하고, 서로 합치려면 부품들을 통합해 조립하고, 테스트하는 단계가 필요할 것입니다.

테스트는 작품이 제대로 동작했는지 확인하는 것으로 실제 작품을 보고 사용할 사람의 입장에서 제대로 동작되는지 확인해 봐야 할 것입니다.

그림15 아빠와 가공 및 연마하기

그림16 아빠와 아이디어 회의하기

이 단계는 크게 힘이 드는 것이 아니기 때문에 아이와 함께 할 수 있는 것입니다. 또한 아이로부터 작품이 재미있는지 등에 대한 피드백도 얻을 수 있어 작품을 개선할 좋은 아이디어를 얻을 수도 있습니다.

이렇게 어릴 때부터 아이와 함께 무엇을 만들고 완성해 보는 경험은 아이가 자라서 어른이 되면 좋은 기억과 추억이 될 것입니다.

8) 개선하기

작품을 구성하는 부품을 통합하고 제대로 동작되는지 테스트한 결과로 우리는 작품 전시 전에 문제점들을 미리 알 수 있고, 이를 개선할 수 있습니다.

작품이 오토마타와 같이 기계적으로 동작하는 부품들이 많은 경우, 관람객이 무리하게 동작할 때 부품들이 그 힘을 못 견뎌 부서지거나 고장이 날 수도 있습니다. 이런 부분은 미리 충분한 강도를 가지는 부품으로 보완하지 않으면 전시하고 몇 시간이 안 되어 고장 나 버린 채 전시장에 전시될 수도 있습니다.

작품이 아두이노, 센서, 모터 등을 사용하는 부품이 많으면 다양한 문제들이 발생할 수 있습니다. 예를 들어, 전시 도중 배터리가 방전되어 동작되지 않을 수도 있고, 브레드보드와 아두이도에 연결된 전선의 결선이 뽑혀지거나 끊어질 수도 있습니다. 전선들이 매우 많이 연결되어 있다면 전시 도중 이를 찾기가 쉽지 않을 것입니다. 결선 부분은 힘을 주었을 때 전선이 떨어지지 않도록 고정된 부분에 매듭을 주거나, 나사로 고정하거나, 글루건으로 부착하는 등의 개선이 필요합니다.

작품이 주변 환경에 영향을 받는 것이면 미리 전시장을 방문해 이를 체크하는 것이 좋습니다. 예를 들어, 조도 센서를 사용한다면 어느 정도의 조도에서 작품이 정상적으로 작동하는지를 작품 전시 전에 미리 확인해야 합니다. 만약 정상 동작하지 않는다면 조도값을 적절히 조정해야 할 것입니다. 센서와 같은 부품이 적당히 동작할 수 있도록 관련된 값들을 조정하는 것을 캘리브레이션calibration이라 합니다. 캘리

브레이션은 보통 다음과 같이 원하는 값($real_{value}$)이 나오도록 센서에서 얻은 특정 값 ($sensor_{value}$)을 조정값($calibration_{calibration}$)으로 곱하거나, 더하는 과정입니다. 이런 과정 속에 작품은 좀 더 단단하게 다듬어지고 전시 시 신뢰성 있는 동작을 하게 됩니다.

$$real_{value} = sensor_{value} \times calibration_{factor}$$

9) 자료 남기기

저는 개인적으로 작품을 만들 때 가장 신경 쓰는 것 중 하나가 작품을 만들어 나가는 과정을 자료로 남기는 것입니다. 제 생각에는 작품이 최종적으로 만들어져 전시 공간에 은은한 조명을 받으며 서있는 사랑스러운 모습도 중요하겠지만 작품을 만들어 나가면서 얻는 아이들과의 추억, 공감대, 성취감, 자신감이 더 중요하다고 생각합니다. 사실, 전시보다는 작품을 만들어 가는 과정이 더 많은 시간과 노력이 들어갑니다. 그 시간 동안 얻을 수 있는 이런 추억들과 느낌들은 돈으로 환산하기 어려울 것입니다.

작품을 만들어 나가나는 과정을 자료로 남기지 않는다면 이런 소중한 추억들이 세월을 지나면서 흐릿해지고, 그 속에 이러한 감정들과 소중한 경험도 사라질 수 있습니다.

작품을 작업할 때는 캠코더, 사진 혹은 문서로 작업 과정들을 남기고 전시가 끝

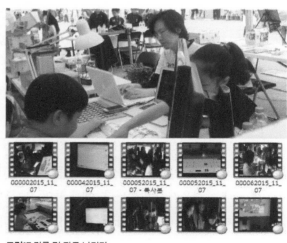

그림17 기록 및 자료 남기기

난 후 정리해 보는 것이 좋습니다. 이러면 그 동안 고생하며 아이들과 함께 만들었던 과정이 다시 되새김 되어, 그 과정들이 감동적인 결과물로 마음속에 담길 것입니다.

그래서 자료 남기기는 각자 마음속의 또 하나의 작품을 만드는 과정이라 할 수 있습니다. 이는 고생했던 자신과 아이들에게 주는 큰 보상이 될 것입니다.

6 패밀리 메이커 위기 극복

작품을 만들다 보면 생각하지 못했던 문제들이 생길 때가 있습니다. 패밀리 메이커로서의 위기라 할 수 있습니다. 이 위기를 잘 넘기지 못하면 아이와 어른의 사기는 떨어지고 작업 여부에 대해 갈피를 잡기 어렵게 됩니다.

예를 들어, 저희 같은 경우 작품을 만드는 중에 다음과 같이 난처한 일들이 있었습니다.

1) 밀린 학원 숙제와 떨어진 중간평가 성적

주말에 작품을 집중해 만들었기 때문에 딸이 주말에 숙제하고 공부할 시간이 많지 않았습니다. 이 문제는 처음에는 크게 고려하지 않았습니다. 하지만 학교 중간고사 결과를 받아 보았을 때는 이 작품 작업을 계속 딸과 해야 할 지 고민이 되었습니다. 보통 밀린 숙제나 공부를 주말에 했었는데 시간을 이런 작업을 하는데 빼앗기고 있으니, 성적은 당연히 내려갈 수밖에 없었습니다.

작품을 만드는 것은 재미있지만 이로 인해 성적이 계속 내려간다면 문제가 될 수 있었습니다. 다른 부모들은 아이가 어릴 때부터 내신이나 입시를 고려해 방과 후에 학원에 보내는 경우가 많았습니다. 예를 들어, 제 주변에 부모님들이 초등학교 들어가기 전부터 원어민 영어, 수학 등 내신에 관련된 학원을 보내고 선행을 하고 있는 경우가 꽤 있었습니다. 하지만 저희 딸은 본인이 재미있어 하는 로봇 만들기, 피아노, 태권도, 과학 등을 위주로 방과 후 수업이나 학원을 보냈습니다. 이젠 주말까지 학교 성적과 전혀 관련이 없는 공작을 하니 좀 걱정이 되더군요.

이런 경우에는 아이와 대화를 통해 상황을 짚고 넘어갈 필요가 있습니다.

> 아빠　메이커 페어에 참가할 작품을 만드느라 학교 공부 시간이 부족한 데, 좋은 방법이 없을까?

> 딸(선우)　알다시피 만들기만 하면 공부할 시간이 없어서 어려워요. 그렇다고 이것 때문에 성적이 떨어진다면 기분이 좋지 않아요. 사실 작업할 시간이 많이 없는데, 이 때 공부하지 않으면 성적이 확 떨어져 버릴 것 같아요. 하루 계획을 잘 세워 공부할 시간을 아껴야겠어요.

이런 대화를 하면서 메이크 작업과 공부의 균형을 스스로 잡아갈 수 있는 방법을 생각하도록 하였습니다.

2) 많아진 회사일

회사 일 때문에 주말에 작품 메이크 시간이 없는 경우가 있습니다. 이런 경우 불필요하게 시간을 낭비하면 계획했던 일들이 모두 헝클어질 수 있기 때문에 게으름을 조심해야 했습니다. 계획했던 일들을 지켜 나가기 위해서는 철저한 시간관리가 필요했습니다.

저는 15년 전부터 프랭클린 플래너를 사용했었고 스마트폰이 생기면서 대부분의 일정은 구글 캘린더로 관리했기 때문에 시간관리 기법에 대해서는 익숙해져 있었습니다. 다만, 작품 만드는 일로 인해 부족해진 시간은 시간관리 기술로만 해결되지는 않았으므로 부족한 시간을 만들어야 했었습니다. 저는 새벽형 인간보다는 박쥐형 인간이었기 때문에 일주일에 2~3일 동안은 새벽 1~2시까지 시간을 2~3시간 정도

벌 수 있었습니다.

　TV 등 시간을 도둑질해 가는 것과는 멀리했습니다. 이런 식으로 일주일에 7시간 정도를 만들 수 있었습니다. 7시간 정도면 매우 많은 것들을 할 수 있습니다. 이 시간은 모두 잠든 시간이기 때문에 누구도 간섭하지 않고 저만의 일을 집중해서 할 수 있습니다. 이런 식으로 부족한 시간들을 만들어 활용하였습니다.

3) 아내의 시험 준비로 인해 많아진 집안일

　아내는 본인의 미래를 위해 준비하는 시험이 있었습니다. 이 시험 기간에는 제가 작은 딸도 돌봐야 했습니다. 하지만 작품 작업 장소에 작은 딸을 데리고 가기에는 불편함이 있었죠. 작품 작업 장소인 무한상상실에는 작은 딸이 쉴 곳이 없었습니다. 물론 과천과학관이 바로 옆에 붙어 있었기 때문에 그곳의 어린이 쉼터에 놀게 할 수 있었지만 엄청나게 많은 사람들로 항상 붐비는 곳에 어린 딸을 혼자 둘 수는 없었습니다. 그게 몇 십분 이라 하더라도 말이죠. 부모 입장에서는 눈에 보이지 않으면 어떤 상황이 발생할지도 모르기 때문에 불안할 수밖에 없습니다.

　작업 공간에 어린 딸과 함께 가서 이틀 정도 작업을 해 보았으나, 쉽지가 않아 가끔 어머님과 장모님께 주말마다 도움을 부탁드릴 수밖에 없었습니다.

4) 작품 작업 장소까지 먼 거리

　작품을 만드는 비용보다 집 근처에 작품을 작업할 장소가 별로 없다는 것이 문제였습니다. 작품 제작비용이야 용돈에서 조금씩 아껴 사용하면 큰 무리가 없었습니다. 작품 제작에 필요한 것들은 대부분 무료인 오픈 소스, 매우 저렴한 부품이나 중고를 찾아 사용했기 때문입니다. 하지만 작업 장소 선택은 매우 어려운 것이었습니다.

　집에서 공작을 할 생각을 했습니다. 저희 집은 아파트였습니다. 처음에는 집에서 작품에 필요한 목재를 사서, 절단하고, 드릴로 구멍을 만들어 보았습니다. 하지만 드릴에서 들리는 엄청난 소음과 날리는 먼지로 한 시간 만에 포기했습니다. 아파트에서 이런 일을 한다는 것은 불가능했습니다. 갑자기 창고 딸린 단독주택이 매우 부러워지더군요.

구글링 등을 통해 검색을 해보니 제가 아이와 자주 놀러 갔던 과천과학관 바로 옆에 무한상상실이란 곳이 있었습니다. 주말에 가 보았더니 공작에 필요한 장비들이 갖춰져 있더군요. 작업 공간도 공작할 때 발생되는 소음이나 먼지가 문제되지 않도록 꾸며져 있었습니다. 목공 작업도 큰 문제가 없도록 다양한 공구들이 비치되어 있었습니다.

집과 무한상상실과는 차로 이동시 대략 30분 정도 걸리는 거리에 있었지만 마음껏 공작을 할 수 있다는 생각에 이 정도는 큰 문제가 되지 않았습니다.

무한상상실을 사용하기 위해서는 프로젝트 제안서를 써야 합니다. 정성스럽게 제안서를 쓰고 제출했습니다. 2주일 정도 기다리고 합격 통지가 왔습니다. 매우 기쁘더군요. 이제, 이곳은 아이와 저의 아지트가 되었습니다.

그림18 아지트에 깃발을 꽂다(과천 무한상상실)

3

메이커가 작품을
만드는 자세

메이커가 작품을 만드는 과정은 요리사가 음식을 만드는 과정과 비슷합니다. 요리를 잘 만들기 위해서는 싱싱한 재료, 편하게 사용할 수 있는 도구도 있어야겠지만 그보다 요리사 내면에서 요리를 잘 만들게 하는 에너지가 있어야 합니다.

1 상상력과 호기심

우선, 메이커는 상상력과 호기심이 있어야 합니다. 상상력은 우리를 무언가를 만들고 싶은 느낌을 들게 합니다. 즉, 작품을 만들 동기, 에너지와 아이디어를 우리에게 줍니다. 이것이 새로운 무언가를 만들게 하는 원동력이 되기 때문에 상상력과 호기심은 메이커에게 매우 중요한 것입니다. 만약 상상력이 없다면 우리는 시키는 대로 일만 하는 로봇과 다를 바가 없을 것입니다.

2 열정

중요한 것은 상상한 것을 현실로 만들어내고 싶다는 열정입니다. 열정이 없다면 작품을 만들기 위한 시간, 돈, 그리고 자신의 노력을 작품에 쏟지 않을 것입니다. 열정은 우리를 작품 앞으로 가게하고, 작품이 생명력을 얻도록 합니다. 그리고 열정을 갖고 만든 작품에 애정을 갖게 만들죠.

3 가족의 관심

작품을 만들어가는 것은 가족들의 관심이 필요합니다. 아이들이 키즈 메이커로서 즐거운 경험을 하기 위해서는 부모가 작품을 만드는 과정을 응원하고, 칭찬해 줄 필요가 있습니다. 그리고 아이들이 만들어 가져오는 사소한 작품이라도 칭찬하고 작품에 대한 관심을 주는 것이 중요합니다.

4 시간관리

무엇을 만들어 나가기 위해서는 앞서 언급한 것 이외에 만들 시간이 필요합니다. 저의 경우에는 딸과 주말 밖에 작품을 만들 시간이 없었기 때문에 저녁에 작품을 구상하고 디자인 하였습니다. 아울러, 주말에 해야 할 딸의 숙제나 저의 일을 미리 주중에 다 끝마쳐야 했기 때문에 저는 구글 캘린더로 딸아이는 ToDo 리스트를 생각하게 해서 미리 주말이 되기 전에 해야 할 일을 끝내려 노력했습니다. TV를 보거나 인터넷 게임을 하는 등의 시간을 낭비하는 일을 최대한 줄였습니다.

5 공유

작품을 공유하면 다음에 작품을 더 잘 만들 수 있는 피드백을 얻을 수 있습니다. 아울러, 작품을 만들어 나가는 과정을 공유함으로써 메이커 커뮤니티에 알려질 수 있고 여기서 작품과 관련된 많은 정보를 역으로 얻을 수 있습니다. 작품이 많이 알려지는 것은 덤으로 얻는 소득입니다.

작품을 만든 과정을 다른 사람들과 나누고 공유하는 것은 자신이 만든 작품을 혼자만의 작품으로 남지 않게 합니다. 그리고 작품에 계속 관심을 가지게 합니다. 아

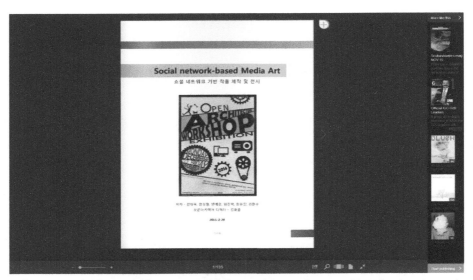

그림19 공유의 경험(작품 작업 과정을 e-book으로 공유한 issuu 저널. https://issuu.com/23704/docs/social_network-based_media_art_-_oa/1

울러, 나누는 과정에서 누군가에게 도움을 주게 되면 뿌듯함도 느낄 수 있습니다. 이런 경험들은 아이들이 세상에 작품을 보여줄 때 큰 도움이 될 것입니다.

4

작품
만들기

1 메이커 자세

자신만의 작품을 만드는 메이커로서 작가로서 느꼈던 점을 공유해 보려 합니다. 이를 통해 본인의 관점에서 메이커로서의 자세에 대해 한번 생각해 볼 시간을 가질 수 있을 것입니다.

첫 번째, 작품은 자신의 또 다른 분신과 같습니다.

작품은 만드는 과정에서 많은 시간과 노력이 들어갑니다. 형태를 설계하고, 가공하고, 형태가 센서에 반응하도록 코딩을 통해 생명력을 불어 넣는 과정은 사실 고생스러운 과정입니다. 하지만 그 과정에서 스스로 많은 것을 생각하게 되고 그 생각이 작품에 투사됩니다. 또 다른 자신의 모습이 그 작품에 혼이 되어 들어가는 것입니다. 그래서 많은 생각과 노력을 한 작품일수록 애착이 갑니다. 자신이 투사된 분신이기 때문이죠.

두 번째, 다른 메이커들의 작품을 많이 보고 물어보고 공부하자.

다른 메이커들의 작품을 많이 보고, 공부하면 좋은 아이디어를 얻을 수 있습니다. 다른 아이디어를 참고하는 것을 부끄러워하지 말고 궁금한 것이 있다면 적극적으로 물어보고 알려달라고 하는 것이 좋습니다. 결국 그들도 이런 방식으로 작품을 좀 더 훌륭하게 만들 수 있었을 것입니다.

세 번째, 작품을 너무 심각하게 고민하고 만들지 말자.

처음 작업부터 너무 많은 것을 만들려 하지 않는 것이 좋습니다. 작품은 여러 번을 만들어 나가면서 다듬어 나가는 것이지 처음부터 완벽한 것을 만드는 과정이 아닙니다.

네 번째, 만드는 과정을 즐기자.

메이크의 결과물보다는 과정이 더 중요합니다. 만든 작품을 팔아 부자가 되는 경우는 별로 없을 것입니다. 하지만 만드는 과정에서 얻는 경험들은 우리가 세상을 살아갈 때 소중한 재산이 됩니다. 작품을 만들어 전시하는 과정에서 많은 문제들과 마주치게 될 것이고 이를 스스로 헤쳐 나갈 때의 용기와 자신감은 그 중에 하나입니다.

다섯 번째, 작품에 의미를 부여하자.

첫 번째 그림은 마르셀 뒤샹이란 유명한 작가의 '샘'이란 1917년 작품입니다. 다음 그림은 백남준 작가가 뉴욕 브루클린에서 끌고 다닌 바이올린이란 행위예술 performance(퍼포먼스) 작품입니다.

여러분은 이 작품을 보고 무엇이라고 생각하는지요?

예술이라는 생각이 드나요? 우리가 미술 교과서에서 배웠던 모나리자나 다비드

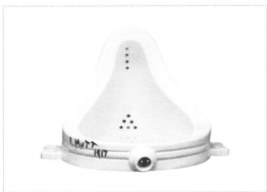

그림20 마르셀 뒤샹의 '샘' (1917, 독립미술가협회)
그림21 백남준 작가의 바이올린 퍼포먼스 작품 (1961. 12회 뉴욕 아방가르드 페스티벌, 뉴욕 브루클린)

상과는 사뭇 다른 형태의 작품입니다.

고전 예술은 기술Techne(기교, 테크네)에 바탕을 두고 있습니다. 정밀하게 그리고 조각하는 것, 즉 장인이 하는 행위가 예술이었죠. 하지만 18세기가 되자 상황은 달라졌습니다. 급격히 발달한 산업 문명에서 살길을 찾기 위해 노력해야 했습니다. 그 전에 장인이 그리고 만들었던 회화, 조각의 완성품이 기계가 만든 것보다 못했던 것입니다.

현대 예술은 이런 경각심 속에 뒤샹 같은 선각자들이 예술에 본질을 파고 든 결과로 태어

그림22 모나리자 (레오나르도 다빈치)

났습니다. 현대 예술은 오브제(형상을 가진 물건이나 그림)를 잘 만드는 것보다는 오브제를 통해 작가의 생각이나 사상을 전달하는 것이 더 중요한 가치라고 말합니다. 이로 인해 예술은 우리 생활 속에 깊숙이 들어올 수 있었습니다.

현대 예술은 이미 전통적으로 작품을 바라보는 시각을 버린 지 오래됩니다. 많은 사람들에게 삶에 대한 중요한 질문과 의미를 던져 줄 때 그것이 작품이 됩니다.

구체적인 형상이 있어야 하거나 아름다워 보여야 하는 것보다는 작품이 사람들에게 주는 의미 있는 이야기가 더 중요할 것입니다. 그것이 바쁜 사람들의 삶을 한번 돌아보게 만드는 힘이기 때문입니다.

여섯 번째, 다양한 분야를 공부하자.

백남준 작가는 예술을 전공하였지만 전자공학에 박학다식했습니다.

작품에 들어가 있는 이야기를 사람들에게 효과적으로 전달해 주기 위해서 백남준 작가는 많은 노력을 한 사람입니다. 그는 전자공학뿐 아니라 사이버메틱스와 같은 철학을 공부하고 이를 예술과 융합해 미디어 아트란 영역을 만든 선구자가 되었습니다.

그림23 전파상을 연상케 하는 백남준 작가의 작업실(백남준 미술관)

자신이 가지고 있는 지식이나 능력에 만족하지 말고 백남준 작가처럼 공부하고 노력하고 지식을 융합하는 사람은 어디에서나 사람들의 환영을 받습니다.

2 작품 만들기와 전시

작품 만들기와 전시를 위해서는 여러 가지 사항들을 고려해야 합니다.

1. 작품 제목 및 주제 결정하기

작품 주제를 결정해야 합니다. 좋은 작품 주제는 사람들의 관심을 이끌고 공감을 얻어 낼 수 있는 것이면 좋습니다.

2. 작품 제작 아이디어 및 방법 생각해 보기

주제를 결정하였으면 주제를 효과적으로 구현할 수 있는 아이디어와 방법을 생각해 봅니다. 작품 설계를 통해 작품의 모양을 결정하고, 어떻게 사람들과 반응을 할지에 대해서도 고민해야 합니다.

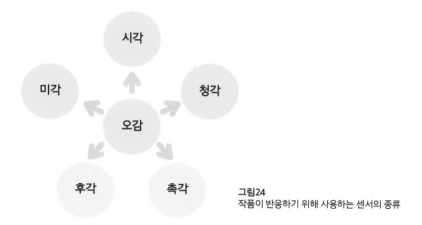

그림24
작품이 반응하기 위해 사용하는 센서의 종류

3. 작품 제작 계획하기

실제 작품을 만들기 위한 계획을 세웁니다.

계획은 상세하면 좋습니다. 각 단계의 마감일에 어떤 작업물이 나와야 하는지를 적어둡니다.

그룹group 전시 작업이라면 이 마감일에 합의를 할 필요가 있습니다.

4. 작품 만들기

작품을 최소한의 비용으로 최대의 효과와 품질을 얻을 수 있는 전략을 만들고, 재료를 구입하고, 작품을 만들 공간을 예약한 후, 작품을 제작합니다.

5. 전시 공간 계획하기

작품을 전시할 공간을 알고 있다면 공간의 크기를 고려해 작품의 배치, 관객 동선에 따른 조명과 센서의 배치 등을 미리 고민해야 합니다.

6. 작품 시험하기

작품이 만들어졌다면 작품의 동작을 시험test(테스트)하여 전시 시 작품이 멈춰버리는 불행한 사태를 미리 막아야 합니다.

7. 리허설하기

작품 시험 후 보완을 하면 전시 공간에 세팅하고 최종적으로 리허설을 합니다.

이 전체의 과정은 한 단계씩 확인하며 진행되어야 합니다.

그룹 전시 작업이라면 작가들끼리 조율이 필요한 부분(공간 배분, 작품별 공간 배치, 작품별 간섭 체크, 공간 대여 비용, 작품 설치 및 철거 비용 배분, 세미나 다과 비용, 워크숍 비용 등)은 서로 감정이 상하지 않도록 조율해야 합니다.

다수의 사람들이 모여 하는 일이다 보니 서로 간의 이해와 희생이 없이는 그룹 전시는 쉽지 않은 일입니다. 그러므로 그룹 전시에서는 각자의 이해와 서로 간의 신뢰가 필수적입니다.

그림25 팀 작업 시 작가들 간의 이해와 신뢰가 가장 중요

그룹 전시에서는 서로 간에 이야기나 아이디어를 공유하기 위해 페이스 북, 구글 캘린더, 구글 드라이브, 카카오톡 등을 이용하면 편리합니다. 이런 프로그램을 사용하면 작품을 만드는 과정이 생생히 기록되고, 나중에 이야기 내용을 찾기도 쉬워집니다.

3 작품 전시 장소 선택하기

작품을 처음 전시할 때는 반듯이 번듯한 미술관에서 할 필요는 없습니다. 처음에는 집 거실에서 테이블을 놓아두고 아이들, 가족 친지들과 함께 작품을 전시하고 즐기기만 해도 됩니다.

좀 더 내공이 쌓이면 대관을 하는 아트센터, 미술관 등에 문을 두들겨 봅니다. 보통 이런 곳은 작품의 내용이 어떤지를 설명해 달라고 하거나 작품 기획서를 요청하고 이를 심사하는 경우가 많습니다. 심사를 한다고 겁먹지 말고 성실하게 내용을 적으면 언젠가는 본인 작품을 전시할 곳을 찾게 됩니다.

그림26
작품 전시 대관 장소
(위에서부터 뚝섬 자벌레 전시관, 한전 아트센터, 유로 아트센터, 무한상상실)

그림27 다양한 발명, 메이크 전시 (서울 메이커페어 2015)

만약 전시가 아니라 경진 대회에 작품을 들고 나가고 싶을 때는 국내 다양한 발명 경진 대회, 메이커 대회 등에 출전 신청을 합니다. 여기도 물론, 사전 심사를 합니다만 작품의 아이디어가 매우 형편없지만 않으면 출전이 가능합니다.

4 작품 만들 장소 예약하기

작품을 본인의 집에서 만들 상황이 안 된다면 작품 만들 장소를 미리 예약해야 합니다. 최근 구청이나 과학관 등에서 무한상상실과 같은 메이커를 위한 공간이 많이 만들어졌습니다. SK와 같은 대기업에서 운영하는 곳도 많이 생겼지요. 그리고 패브랩fablab과 같이 장비 사용료나 재료비만 주면 장소를 쓸 수 있게 해 주는 곳도 많아졌습니다.

본인의 집에서 다니기 편리하고 작품 만드는 데 필요한 도구와 재료가 있는 곳으

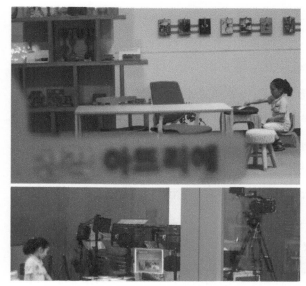

그림28
무한상상실, 패브랩 및 공작소

로 정하고 미리 예약을 하면 될 것입니다.

5 작품 전시에 고려할 점

작품을 전시하는 과정은 매우 중요합니다. 전시하는 과정에서 자기 작품에 대한 경험, 지식, 자신감이 쌓여 갑니다. 발명품 경진대회도 좋고, 메이커 페어 등도 괜찮습니다. 전시를 하기 전에 다음과 같은 질문과 대화를 하는 편이 좋습니다.

질문: 작품을 어디에 전시하는 것이 좋을까? 작품을 전시할 장소는 어때야 할까? 전시할 장소를 예약해야 할까?

다음은 전시 과정에서 경험한 것들입니다. 이런 점은 작품을 사람들에게 전시할 때마다 경험하고 본인의 지식으로 쌓여 갈 것입니다.

1. 조명 효과는 관객의 관심을 끄는 데 도움이 됩니다.

2. 즉각적인 반응이 없으면 관심은 매우 떨어집니다.

3. 인터렉티브(상호반응) 작품은 사용자의 개입 과정이 매우 단순해야 합니다. 예를 들어 3초 내에 그 동작 방법을 자연스럽게 느낄 수 있도록 해야 합니다.

4. 관객의 인터렉티브에 따른 작품의 동작이 크고 화려할수록 관객의 호응도는 높아집니다.

5. 현장에 작품 설치 후 전시 시, 작품이 완성도 있게 동작되려면 사전 시험이 필수적 입니다.

6. 작품의 내구성도 중요합니다. 하루 이틀만 동작하고 고장 나지 않아야 합니다.

7. 작품 중 키넥트kinect와 같은 동작 센서를 사용하는 작품들이나 음향을 사용하는 작품들은 공간의 간섭을 고려해 설치해야 합니다.

8. 작품 전시 일정, 테스트 및 설치를 위한 작가 간 조율은 매우 중요합니다. 미리 협의해 놓지 않으면 전시가 실패할 수도 있습니다.

9. 작품 제작 및 전시 과정을 사진이나 동영상으로 기록해 놓을 필요가 있습니다. 기록은 차후 유용하게 활용할 수 있습니다.

10. 그룹 전시는 작품의 구성이 어느 정도 유기적인 부분이 있는 것이 좋습니다. 전시의 통일감을 주는 것이 좋습니다.

11. 전시 중간에 작품을 어떻게 제작했는지에 대한 뒷이야기나 작품을 만드는 데 필요한 기술은 무엇인지 이야기를 나누는 세미나 혹은 쉽게 따라 할 수 있는 워크숍 등을 준비하면 관객의 참여율을 높일 수 있습니다.

5

작품 메이크
이야기

1 머리말

이 장에서는 아이들과 함께 작품을 만들고 전시할 때의 과정을 이야기 나누어 보겠습니다.

이 장에서 작품의 모든 개발된 소스를 다 책에 싣지는 않았습니다. 작품 메이크 동기와 경험을 이야기하는 데 초점을 맞춥니다. 사용된 방법 및 소스는 다음 링크를 방문한 후 검색하면, 다운로드 받을 수 있으니, 필요하면 참고할 수 있을 것입니다.

http://daddynkidsmakers.blogspot.kr/

이외에도 인터넷에 좋은 메이커 공유 사이트들이 많은데 이는 부록에 표시해 놓았습니다.

이 장에서는 어떻게 작품을 구상하고, 만들어 나갔는지, 코딩은 어디에서 참고해서 하였는지, 공작은 어떻게 만들었는지, 전시는 어떤 방법을 통해 하였는지 등에 주로 초점을 맞춰 설명할 것입니다.

이를 통해서 아이와 함께 작품을 제작하고 전시하는 것이 생각보다는 그리 어려운 것이 아니라는 것을 알 수 있을 것입니다.

2 아트 – 셀 블룸

1) 작품 주제 만들기

셀 블룸cell bloom은 아이와 처음으로 만들어 본 작품입니다. 이 작품은 2014년도에 만들었습니다. 그때 우리나라는 세월호와 같은 사고가 많았습니다. 이를 모티브

motive로 삼아 작품 주제를 만들었고, 2014년 메이커 페어에 셀오토마타^{cell automata} 란 이름으로 첫 전시를 하였습니다. 그리고 유로 아트센터에서 버전업^{version up}된 셀 블룸이란 작품으로 전시되었습니다.

우리 사회에 계속 반복되는 다음 그림과 같은 불행한 사고들을 우리 아이들이 다시 겪지 않으려면 무엇이 필요할까라는 생각을 해 보았습니다.

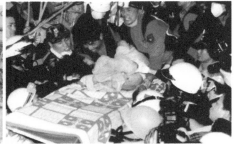

그림29 삼풍백화점 붕괴사고(최광모, commons.wikimedia.org)

우리의 환경은 국가 주도산업을 통해 급격히 발전했지만 미처 함께 발전하지 못한 것들이 있습니다. 인간 보다는 경제를 우선시 하는 논리들은 사람을 소외시키고 부품화 시킵니다. 사람의 안전보다는 경제성이 우선이었습니다. 이런 점을 사람들이 한번 되돌아보아 주었으면 하는 바람이었습니다.

그림30 사회적 토양의 변화와 희망(Mark Knobil, 2006, Education in Vietnam, Wikipedia. PH2 Elizabeth A., Edwards, Children smile and gather for a group photo in the town of Lamno, commons.wikimedia.org)

선진국형 사회는 사회적 안전과 다양성이 인정되는 곳입니다.

세포 하나하나는 사회에 살아가는 사람이라 할 수 있습니다. 세포가 모여 생태계를 이룹니다. 세포는 좋거나 나쁜 외부 환경에 반응합니다. 좋은 환경은 서로가 서로를 신뢰하고 따스한 온기로 서로를 포용할 수 있는 사회입니다. 나쁜 환경은 서로가 불신하며 차가운 시선으로 서로를 바라보고 경쟁합니다.

"생물학적 생태계를 구성하는 가장 작은 단위인 세포Cell란 개념으로 환경 변화에 따라 반응하는 꽃이 만개하는Bloom 형상을 표현해 볼까?"

아이와 함께 만들어 본 이 작품은 메이커 교육을 시험해 보고 싶은 생각에 기본적인 디자인과 제작 과정을 알려주고, 아이가 할 수 있는 작업 프로세스를 분리해 함께 작업을 하도록 하였습니다.

이 작품은 2014년 Maker Faire에서 처음 전시하고 그해 연말에 셀 블룸으로 개선하여, 아트센터에서 전시했습니다. 동등한 메이커로 대우하고 함께 작업한다는 것에 아이들 스스로가 뿌듯함을 느꼈다는 것은 또 다른 소득입니다.

2) 작품 설계하기

최초에 생각했던 작품에 대한 이미지들은 다음과 같았습니다.

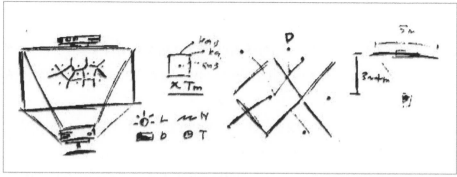

그림31 Cell Automata 최초 이미지 스케치 및 참조 이미지(Wikipedia)

주변 환경을 센싱하는 역할은 키넥트와 아두이노 컴퓨터에 연결된 광센서, 온도 센서 등을 통해 데이터를 얻습니다. 얻은 환경 데이터는 프로세싱으로 전달되어 적절한 그래픽을 생성하고, 프로젝션 합니다.

이 작품은 2014 메이커 페어에서 셀 오토마타cell automata란 작품으로 버전 1.0이 전시되었는데 이때는 델라우니delaunay 삼각화 방법을 기반으로 한 다각형 기반 세포 모양의 그래픽을 모델링하였었습니다. 세포는 주변의 온도나 조도에 반응하도록 아두이노와 프로세싱으로 코딩되었습니다.

그림32 셀 오토마타 작품 (2014년 서울 페이커 페어 전시)

버전 2.0 셀 블룸의 경우, 광센서에 따라 배경 이미지가 달라지고, 키넥트 동작 인식을 통해 희망적인 배경 이미지가 페인팅 되면서 드러나도록 작품을 개선하였습니다.

동작은 셀 오토마타에서 사용했던 방법을 개선하였으며 다음과 같습니다.

1. 관객이 셀 블룸 컨트롤 박스 위에 Distrust(불신)키를 놓는다. 박스 위에는 광센서가 설치되어 있어 Trust(신뢰)키를 그 위에 놓으면 광센서의 조도값이 낮아진다.

이 값을 이용해 사회가 서로를 믿지 못하면 어떤 일이 발생하는지를 이미지로 표현할 수 있습니다.

2. 조도값을 컨트롤 박스 안에 광센서와 연결된 아두이노 컴퓨터를 통해 노트북으로 전달받는다.

그림33 컨트롤 박스

3. 노트북의 프로세싱 스케치에서 조도값을 읽어 조도가 밝을 때는 미리 준비된 밝은 이미지로 프로젝션하고, 어두울 때는 어두운 이미지를 프로젝션 한다. 이때 이미지가 변경되는 시점을 알려주는 사운드 효과를 준다.

4. 이미지는 아직 검은색으로 덮여 있습니다. 이미지를 보기 위해서는 관객이 프로젝션 되는 벽면으로 가까이 다가가 손으로 검은색 영역을 지워나가도록 한다. 이때 손동작을 검출하는 것은 키넥트 센서를 사용한다.

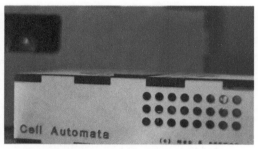
그림34 키넥트 박스(적색 박스)와 컨트롤 박스(우측 하단 박스)

5. 아울러, 아두이노 컴퓨터에 연결된 온도센서를 통해 이미지 위에 꽃이 만개하는 모습을 애니메이션한다. 이 꽃들은 온도가 높아질수록 모양이 커지고 아름다워지도록 한다.

그림35 온도센서와 연결된 하트 모양의 버튼

3) 작품 제작 계획하기

이 작품을 만들기 위해 아이와 함께 제한 기간 내에 작품을 다 만들 수 있는지, 어떤 식으로 작품을 설명 할 것인지, 어떻게 코딩해야 하는 것인지 등을 고민하였습니다. 아울러, 전시장의 위치는 어느 곳으로 할 것 인지 등을 생각해 보았습니다.

이런 부분들을 고려해 작품 제작을 진행하기 위해서 다음과 같이 일정을 대략적으로 계획하였습니다. 이 계획표는 작품 제작 진행이 제대로 되고 있는지를 체크하는 용도로 사용하였습니다.

일정표

단계	작업기간	시작	끝	완성율(%)	내용
계획	0.5	8/31		50	
셀 블룸 작품 구상/디자인	0.5	9/1		30	알고리즘
알고리즘 디자인	1	9/15		5	
작품 형태 제작	4	10/1		0	작품, 공간, 장비, 포장 등
코딩	3	10/15		0	프로세싱, 아두이노, 키넥트 등
테스트	1	11/1		0	
설치/현장 테스트	0.5	12/8	12/8	0	
연말 전시	4.5	12/8	12/12	0	
총합	15				

필요한 작품 제작 재료와 비용은 다음과 같이 계획하였습니다.

프로젝터 (3500안시 이상, 1200명암비 이상), 듀얼 CPU 이상 노트북, 프로세싱, 키넥트, 3×3m 공간, 아두이노 우노, 환경 센서(일반적인 광센서, 온도센서), 셀 블룸 박스 제작용 MDF 5T, 작품 박스 MDF 5T

전체 비용은 50~70만원으로 추정하였습니다.

4) 작품 메이크 하기

작품을 제작하기 위해서는 전시될 환경을 고려해 형태를 디자인해야 했습니다. 디자인을 위해 스케치업, 라이노Rhino와 오토캐드를 이용하였습니다. 스케치업과 라이노는 3차원 모델링 도구로 손쉽게 다양한 형체를 만들 수 있습니다. 전체 작품 모델 디자인은 제가 하였고, 모델의 세부적인 편집 및 컨트롤 박스 제작은 딸(선우)이 하도록 하였습니다.

이 작품에서 디자인된 것은 작품의 아두이노 메인보드를 보관하고 센서를 부착할 컨트롤러 역할의 셀 블룸 컨트롤 박스였습니다. 컨트롤 박스의 컨셉은 외부 환경의 변화를 받아들이고 변화한다는 느낌을 주도록 특정 패턴으로 디자인 하였으며, 키 모양을 디자인하여 키가 컨트롤 박스 위에 놓여 질수 있도록 하였습니다.

그림36 작품 설계 과정

3차원 모델링, 후 각 면을 2차원 캐드 도형으로 변환하는 과정을 거칩니다. 변환된 캐드 도형은 DXF파일로 저장되어 레이저 커팅 프로그램에서 불러들여지며, 어떤 순서로 레이저 가공할지, 레이저의 강도는 얼마로 할지 등을 레이어 별로 설정한 후 레이저 커팅을 시작합니다.

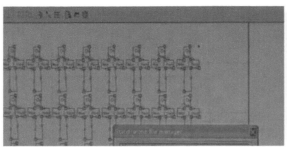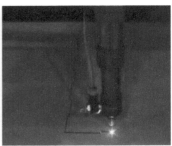

그림37 레이저 커팅 설정 및 레이저 커팅

레이저 커팅 된 패널은 조심스럽게 뜯어내어 지그Jig와 공업용 본드를 이용해 부착하였습니다. 레이저 커터기에 오차가 있는 경우 부재를 조립할 시 서로 안 맞는 경우가 생깁니다. 서로 안 맞는 부재는 드레멜, 줄과 같은 목공 도구를 이용해 가공하였습니다.

그림38 작품 부재 가공

모두 조립된 컨트롤 박스 및 기타 전시물은 표면을 좀 더 매끄럽게 연마하고 원하는 색을 페인트 하는 등의 작업을 거쳤습니다.

그림39 작품 조립 및 표면 처리

이 작품에는 화면이 전환될 때마다 사운드 효과가 있습니다. 다음 그림과 같이, 무한상상실에서 제공한 마스터키보드와 사운드 녹음 프로그램(게러지 밴드, LogicX 등)을 이용해 사운드를 녹음하고 적당한 효과음이나 악기음을 할당해 wav파일로 저장하였습니다.

이 wav파일은 프로세싱에서 배경 이미지가 변경해야 할 때마다 관객에게 컨텍스트가 변하였음을 알려주는 신호음으로 사용하였습니다. 다음은 최종 제작된 Cell Bloom 컨트롤 박스(우측 작은 박스)와 키넥트 박스(적색 박스)의 모습입니다.

그림40 사운드 작업

그림41 셀 오토마타 전시

프로세싱 코드는 컴퓨터 그래픽으로 그려질 객체를 정의하여 각 객체의 메소드 method와 속성들을 구현하였습니다. 객체는 환경Environment, 환경을 지원하고 있는 아두이노 및 키넥트 객체가 있으며, CellBloom 객체를 지원하는 오디오를 지원하는 플레이어 및 Minim, 이미지 렌더링을 지원하는 PImage, Flower 그래픽 렌더링을 지원하는 Flower 등으로 구성됩니다. Flower 그래픽은 OpenProcessing 사이트의 스케치(www.openprocessing.org/sketch/1405)를 참고하였으며 나머지는 직접 스케치하였습니다.

센서값들은 전시 환경에 따라 달라지므로 전시 환경에 따라 센서값이 조정이 필요합니다. 이를 캘리브레이션calibration이라 합니다.

각 객체들은 유기적으로 연계되어 있습니다. 환경 객체는 센서에서 데이터를 센싱하여 프로세싱 프로그램에 데이터를 전달하면 이 데이터를 이용해 적절한 이미지와 그래픽을 생성합니다.

전체적인 제작 과정은 유튜브 'Cell Bloom OAW' 검색을 통해 확인할 수 있습니다.

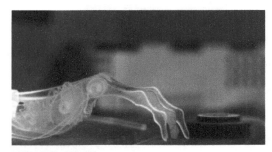

각 단계별 작업을 할 때 전문적인 부분은 무한상상실의 테크니션 분들의 도움을 받았습니다. 아울러 모르는 부분은 인터넷 구글링을 통해 검색해서 공부해 나가면서 작업을 하였습니다.

그림42 작품 제작 과정

5) 작품 시험하기

원칙적으로 시험은 설치되는 전시공간에서 해야 하는 게 맞지만 실제로는 전시공간의 대관상태 및 운영 규칙 등에 따라 100% 똑같은 전시 환경에서 테스트를 진행하기가 어렵습니다.

본인의 경우, 주로 집에서 작품을 설치하고 테스트를 해보았습니다. 그리고 작품이 실제 전시될 공간에서 어떻게 보여질지 확인하기 위해 스케치업이나 라이노에서 실제 전시 공간 치수를 바탕으로 모델링해 다음과 같이 공간감 등을 확인해 보았습니다.

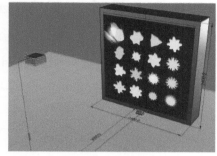

그림43 전시 공간을 고려해 작품을 배치해 보기

아트센터에서 최종 테스트는 작가 모두 바쁜 직장인이었으므로 전시 시작 당일에 하기로 하였습니다. 만들어진 작품을 전시실에서 설치하는데 오전 9시부터 3시간 정도 걸렸으며 조명효과 등을 주거나 센서를 통해 프로젝션을 하여 큰 문제가 없는지를 오후 4시까지 테스트해 보았습니다. 정식 전시 시작은 오후 4시였습니다.

6) 작품 전시하기

전시는 오후 4시부터 작가 오프닝 세미나 형식으로 시작하였습니다. 이후 4일 동안 작품을 기동하고, 저녁이 되면 전원을 내리고 종료시켜야 하므로 각 작품을 구동하는 설명서가 필요했습니다. 이를 위해 페이스북에 작품 구동 매뉴얼을 공유하고, 각 작가가 하루마다 돌아가면서 작품 구동을 책임지도록 하였습니다. 아울러, 그 작

그림44 작품 설명 모습

그림45 작품 소개 모습(유튜브, https://youtu.be/gmW-kWLzbcs)

가는 전시 방문객에게 각 작품들을 관객들에게 설명하고, 혹시 작품 동작에 문제가 생겼을 때 해당 작가에 연락하는 등으로 전시 작품을 관리하였습니다.

마지막 날은 작품 엔딩파티를 하면서 그 동안 힘들었던 작품 메이크 과정을 서로 칭찬하는 시간을 가졌습니다. 이렇게 작품을 마무리하는 시간은 부모와 아이에게 소중한 추억이 됩니다.

3 발명 – 재활용품을 이용한 스마트 먹이통

1) 발명 필요성 생각하기

이 주제는 애완동물에게 스마트하게 먹이를 주는 스마트 먹이통입니다.

아이가 캠프 갔을 때 애완동물로 키우고 있었던 새우가 다 죽어버린 적이 있었습니다. 먹이를 못주었기 때문이었죠. 이를 막기 위한 방법을 생각하다가 스마트 먹이통을 만들기로 하였습니다.

소재가 실제 이야기에서 아이디어를 얻어 온데다 아이가 애완동물을 좋아했기 때문에 간단하게 함께 만들어 보기로 하였습니다. 스마트 먹이통은 시간만 잘 맞춰주면 사람이 없어도 저절로 먹이를 동물에게 줍니다. 우리는 새우보다는 개와 고양이를 위한 것을 만들기로 하였습니다.

2) 발명품 동작 시나리오 만들기

작품을 만들기 전에 작품이 동작하는 방식을 결정해야 합니다. 이와 관련해 다음과 같은 질문을 해 보았습니다.

아빠 스마트 먹이통은 어떤 시나리오로 동작하도록 할까? 고려해야 할 점은 무엇일까?

딸(선우) 먹이의 재료가 안전 할지, 먹이 재료는 어디서 구할지, 한 시간 동안 한 번만
먹이를 줄지 혹은 정확한 시간에 먹이를 줄지 등을 결정할 필요가 있어요.

이런 대화를 통해 작품 동작 시나리오는 다음과 같이 생각했습니다.

1. 건전지를 연결합니다.

2. 다이얼을 이용해(다이얼은 큰 입 쪽에 나와 있는 것이다) 10초에서 60초까지
먹이 주는 시간을 맞춥니다.

3. 뚜껑을 열어서 먹이를 부어 넣습니다.

4. 맞추어진 시간에 따라 먹이가 자동으로 공급됩니다.

3) 발명품 설계하기

작품은 플라스틱 박스를 재활용해 아이와 함께 다음과 같이 설계해 보았습니다.

플라스틱 박스는 다이소 같은 곳에서 2,000원에 구입했습니다. 나머지 서보모터,
가변저항 다이얼 등은 인터넷에서 구입했습니다. 기타 재료는 다음과 같습니다.

아두이노 소형컴퓨터, 가변저항 다이얼, 빵판, 전선, 낚시줄, 건전지

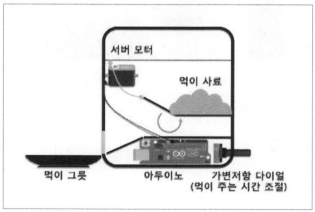

그림46 재활용 플라스틱 박스 이용
한 스마트 먹이통 개념도

4) 발명품 메이크 하기

스마트 먹이통은 과천과학관에 무한상상실에서 만들었습니다. 무한상상실에는 만드는 재료와 도구가 있어 무엇을 만들 때 편리합니다.

여기서 오토캐드 프로그램을 실행해서 선을 이용해 두 개의 판을 그렸습니다. 그린 캐드 파일을 DXF파일로 저장해 레이저 커터 구동 프로그램에 입력하고 레이저 출력 강도를 설정하고 MDF를 레이저로 절단합니다.

그림47 작품 형태 캐드 작업 및 가공

가변 저항에 따라 먹이를 주는 간격이 달라져야 하므로 아두이노를 이용해 알고리즘을 코딩을 했습니다. 브래드보드를 이용해 이와 관련된 회로를 만듭니다.

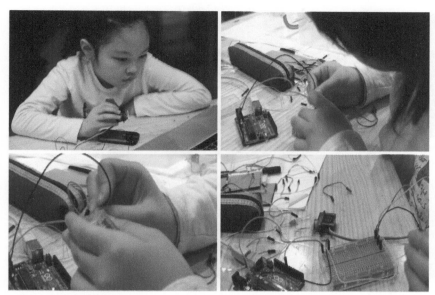

그림48 아두이노 동작 회로 만들기

　가변 저항 다이얼은 뒤로 돌리면 애완동물에게 먹이를 늦게 주고, 앞으로 돌리면 빨리 먹이를 주는 역할을 하도록 하였습니다. 다이얼은 3개 핀이 있습니다. 이 중 하나는 +핀, 맨끝핀은 −핀, 중간핀은 신호핀은 아두이노의 0번 핀과 연결하였습니다. 서보모터는 3개 선이 있는데, 적색은 +핀, 황색은 −핀, 노란색은 신호핀으로 아두이노의 9번핀에 연결했습니다.

　동작 알고리즘을 코딩하기 위해 아두이노 통합 개발 환경 프로그램을 실행시킵니다. 아두이노 코딩은 아두이노 프로그램에 포함되어 있는 기본 예제에서 서보모터 및 다이얼 예제를 약간 수정해서 만들었습니다. 아두이노 프로그램에는 이런 예제들이 많이 있습니다.

　최종적으로 아두이노 보드와 회로를 플라스틱 박스 안에 잘 넣고 레이저로 커터한 두 개의 판을 조립하고 접착재로 붙여서 고정합니다. 박스 위에 구멍을 만들고

그림49 코딩 및 시험 과정

그 곳에 모터를 달은 다음에 아두이노와 빵판을 달고 건전지를 연결시키면 동작합니다.

최종 조립한 작품을 시험해 보았더니 스마트 먹이통 시범을 보일 때 먹이 주는 시간 간격을 시간이나 분을 단위로 하여 먹이가 나오는 시간이 너무 오래 걸리는 문제가 있었습니다. 이래서는 사람들에게 작품 동작 모습을 설명하기가 어려울 듯 했습니다.

그림50 작품 최종 조립

이런 이유로 동작 단위를 초로 했습니다. 다이얼을 이용해 먹이 주는 시간 간격을 10초에서 60초 간격으로 맞출 수 있도록 하였습니다. 이 작품은 교내 과학 탐구

그림51 작품 동작 시험

대회 및 발명 대회에 출품되어 은상도 받았습니다. 작업에 들어간 노력과 시간은 많지 않았으나 맞추어진 시간대로 입을 쩌억 벌리고 먹이를 뱉어내는 작품의 아이디어가 재미있었던 것이 좋은 평가를 받았던 것 같습니다.

그림52 최종 작품 모습

5) 마무리

이 장에서 소개한 작품처럼 재활용품을 이용한 공작은 주변에 플라스틱 통, 패트 병 등을 이용해 손쉽게 집에서 공작할 수 있는 장점이 있습니다.

다음 그림 속의 작품도 재활용품을 이용해 만든 부르르 소방차로 스위치를 켜면 LED가 깜빡깜빡 거리면서 진동 모터를 이용해 소방차가 부르르 떨게 되는 재미있는 작품입니다. 종이테이프를 이용하면 재미있는 표정을 만들 수도 있습니다.

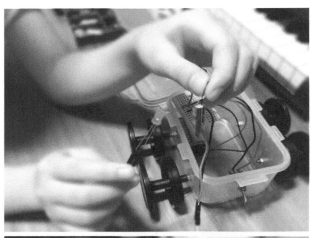

그림53
재활용품을 이용한 부르르 소방차

이 작품은 메이크에 많은 시간이 들지 않았지만 교내 여름방학 과제상 금상을 받았습니다. 재활용품을 이용한 작품은 집에서 가장 쉽게 메이크할 수 있는 방법 중 하나이면서 사람들에게 환경보호에 관한 좋은 의미와 인상을 줄 수 있습니다.

4 에너지 – 스마트 태양광 발전기

1) 머리말

석유나 석탄과 같은 화석 에너지의 사용은 자연에 나쁜 영향을 줍니다. 우리의 아이들을 위해서라도 자연은 지키고 가꾸어야 할 중요한 자원이라 생각합니다. 최근 태양 에너지와 같은 신재생에너지의 활용도가 높아지고 있습니다. 태양 에너지를 얻기 위해서는 집열판이 사용됩니다.

하지만 사용되고 있는 집열판의 에너지 효율은 아직은 그리 좋지 못합니다. 집열판 자체의 에너지 효율은 개선되고 있는 추세이나 태양의 직사광선을 가장 많이 받을 수 있는 각도와 위치가 부적절하면 이런 노력도 소용이 없는 일이 됩니다. 이 작품은 이런 문제를 효과적으로 해결하기 위한 스마트 태양 에너지 발전기를 만드는 것입니다.

2) 아이디어 얻기

우리는 태양광으로부터 에너지를 얻을 수 있습니다. 태양광으로 부터 에너지를 만들려면 태양 전지로부터 태양 에너지를 수집하거나, 집열판을 통해 난방수에 사용하는 물에 효과적으로 열을 전달해야 합니다. 하지만 태양과 태양 전지의 각도가 90도를 이루지 않으면 수집되는 태양 에너지의 효율은 낮아집니다.

태양열 에너지 발전 원리를 이용해 스스로 태양 에너지를 가장 많이 생산할 수 있도록 방향과 자세를 스스로 제어할 수 있는 스마트 태양 에너지 발전기를 개발하면 어떨까요.

스마트한 에너지 발전기는 에너지 발전에만 그치는 것이 아니라 우리에게 에너지 발전의 상태를 알기 쉽게 알려주고, 스스로 에너지의 효율을 생각하며 효율이 높은 방식으로 에너지 생산 전략을 실행할 수 있는 발전기가 될 것입니다.

3) 발전기 설계하기

스마트 태양광 발전기는 다음과 같은 구조로 만들어 질 수 있습니다.

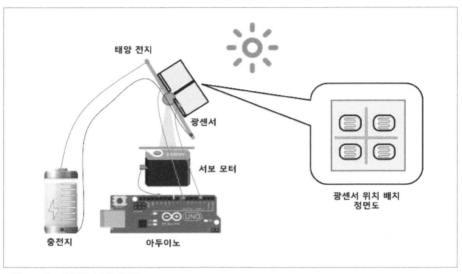

태양 전지

광센서

서보 모터

충전지   아두이노

광센서 위치 배치
정면도

그림54 스마트 태양 발전기의 개념도

이 발전기는 소형 컴퓨터 장치MCU. Micro Computer Unit, 집열판 자세 제어용 센서, 집열판 자세 제어용 모터, 에너지 생산 모니터링을 위한 전류 측정 센서, 디스플레이 등이 사용됩니다. 조그만 더 생각하면 충전된 배터리의 에너지를 필요한 곳으로 보낼 수 있는 스마트 그리드smart grid 기능을 추가할 수 있습니다. 스마트 그리드 기술을 사용하면 사용하지 않은 에너지를 다른 곳으로 보내어 효과적으로 에너지를 관리할 수 있습니다.

참고로 작은 규모뿐 아니라 큰 규모의 태양 에너지도 발전하는 원리는 동일합니다. 발전기를 여러 개 붙여서 사용하면 제법 밝은 빛을 내는 전등을 켤 수 있는 정도의 에너지도 만들어 낼 수도 있을 것입니다. 참고로 태양 에너지 발전뿐만 아니라

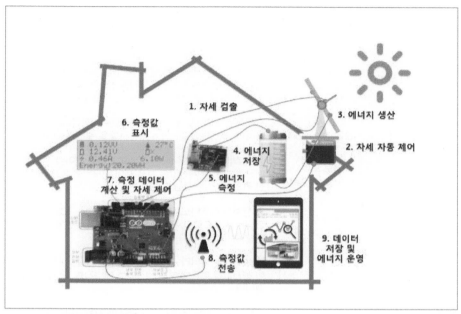

그림55 스마트 태양열 에너지 발전기 장치 연결 개념도

풍력 발전기와 같은 신재생 에너지 또한, 이와 유사한 원리로 에너지 발전 효율을 높일 수 있을 것입니다.

이 스마트 태양열 에너지 발전기를 그림과 같이 집에 설치할 수도 있습니다. 설계도에 포함된 장치들은 각 역할에 따라 서로 데이터 신호를 주고받을 수 있도록 적절히 전선으로 연결되며 그림에 표시된 시나리오처럼 동작합니다.

실제 이런 기술들은 오픈 하드웨어와 소프트웨어를 이용해 간단히 만들어 볼 수 있습니다. 오픈 하드웨어는 그 기술이 공개되어 있어 누구나 쉽게 동작하는 전자 회로를 만들고, 동작 방식을 코딩할 수 있습니다

구성 요소	오픈 하드웨어 및 소프트웨어 예	용도
소형 컴퓨터 장치	아두이노 우노 보드 (arduino uno board)	IoT 장치를 만들 때 교육용으로 많이 사용되는 소형 컴퓨터로 센서로부터 데이터를 얻어 통신 장치를 통해 데이터베이스에 전달하거나 연결된 모터를 정확히 회전시킬 수 있습니다. 요즘에는 산업용으로도 많이 활용되고 있습니다.
집열판 자세 제어용 센서	광센서 (photo sensor)	광센서는 빛의 강도를 검출할 수 있는 센서입니다. 이를 이용하면 태양과 집열판이 수직인지를 알 수 있습니다.
집열판 자세 제어용 모터	서보 모터 (servo motor)	센서로부터 얻은 데이터를 이용해 자세를 제어할 정보를 계산합니다. 이 계산값은 자세 제어용 모터를 동작하기 위한 각도 값으로 사용됩니다.
통신 장치	WiFi 혹은 블루투스 (blue tooth)	이 장치는 아두이노 우노 보드에서 동작하는 프로그램에서 코딩된 방식으로 데이터를 특정 컴퓨터에 무선통신으로 전달할 수 있습니다.
전류 측정 센서	전류/전압 측정 센서	전류 측정뿐 아니라 전압까지 측정할 수 있는 센서입니다. 이 센서값을 이용해 현재 생산되는 에너지를 계산할 수 있습니다.
에너지 충전 장치	배터리	배터리는 생산된 에너지를 보관할 때 사용합니다. 마치 빗물을 받아 놓은 수조통과 같은 역할을 합니다. 생산된 에너지는 우리가 필요할 때 언제든 꺼내 쓸 수 있습니다.
디스플레이 장치	LCD (liqid cristal display)	LCD는 숫자나 문자를 나타낼 수 있는 장치로 스마트 발전기가 생산된 에너지 등 상태를 표시할 때 사용합니다.
모니터링 소프트웨어 코딩	파이썬 (python)	파이썬은 다른 컴퓨터 언어보다 배우기 쉬운 코딩 언어입니다. 파이썬은 수치 통계 및 학습 라이브러리가 많이 만들어져 있어 우리가 원하는 에너지 데이터 분석을 쉽게 할 수 있습니다.

오픈 소프트웨어를 이용하면 매일 측정한 에너지 생산량을 데이터베이스에 기록하고 기록된 데이터베이스로부터 월평균 에너지 생산량, 연평균 에너지 생산량, 에너지 생산 시 이상패턴 검출 등을 쉽게 코딩할 수 있습니다. 표는 앞서 나열된 기술을 손쉽게 구현할 수 있는 오픈 하드웨어와 소프트웨어 리스트입니다.

4) 태양열 발전기 메이크

앞서 이야기한 아이디어를 만들기 위해 태양 전지, 배터리, 광센서 등이 필요합니다.

태양 전지는 구입하면 양극(+극), 음극(-극)이 표시되어 있습니다. 이를 다음 그림과 같이 전선으로 납땜하여 연결합니다.

그림56 태양 전지 전선 납땜하기

태양 전지는 여러 개를 병렬이나 직렬로 연결할 수 있습니다. 같은 양극끼리 전선을 연결하면 병렬로 연결되며, 서로 다른 극끼리 전선으로 연결하면 직렬이 됩니다. 직렬연결을 하면 높은 전압의 태양 전지를 만들 수 있습니다.

이는 우리가 건전지를 직렬로 연결해 사용하면 높은 전압으로 전기를 사용할 수 있는 것과 같습니다. 예를 들어, 5V짜리 건전지 두 개를 직렬로 연결하면 10V짜리 건전지를 만들 수 있습니다.

다음은 직렬로 태양 전지를 연결해 직렬로 연결된 배터리에 전기를 충전하고 있는 모습입니다. 여기서는 1.2V 배터리 두 개를 직렬로 연결해 2.4V의 전기가 충전될 수 있도록 하였습니다. 이에 맞게 태양 전지도 비슷한 수준의 전압으로 전류가 흘러가도록 두 개의 태양 전지를 연결하였습니다.

태양 전지에서 배터리로 전류

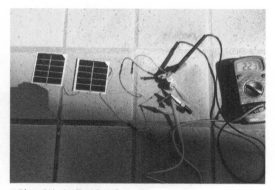

그림57 태양 전지를 이용한 충전 시험

가 한쪽 방향으로 흘러가서 배터리에 전기가 채워져야 합니다. 그러므로 다이오드 diode 전자 부품을 다음 그림처럼 사용하였습니다.

　다이오드를 사용하면 한쪽 방향으로는 전류가 흐르지만 반대 방향에서는 전류가 흘러 들어가지 않습니다. 그러므로 충전기에서 전류가 세어 나오지 않도록 하고 충전을 할 수 있습니다.

그림58 다이오드를 이용한 전류 방향 제어하기

　태양 전지로 충전한 후 태양 전지와 배터리의 연결을 끊고 테스터기로 전압을 측정해 보면 다음과 같이 제대로 충전되었음을 알 수 있습니다.

　다음 그림과 같이 모터나 LED를 배터리와 연결해 보면 10분 이상 동작시킬 수 있는 정도의 에너지가 충전된 것을 알 수 있습니다. 이런 원리를 잘 이용하면 충전된 전기를 다른 곳으로 보낼 수도 있습니다. 이를 스마트하게 제어를 하면 에너지 그리드energy grid 기술이 되는 것입니다.

그림59
충전된 배터리와 배터리로
모터 동작해 보기

5) 태양전지 자세 제어하기

이제 태양빛의 강도에 따라 강도가 강한 값을 가지도록 모터를 회전하게 만들어야 합니다. 간단하게 좌우 회전만 한다면 두개의 광센서만 있으면 됩니다.

두 개의 광센서와 아두이노 아날로그 입력핀을 연결합니다. 그리고 광센서 값에 따라 회전하는 서보 모터를 다음 그림과 같이 아두이노와 연결합니다.

그리고 두개 광센서와 태양이 서로 마주 보지 않을 때는 그림자가 광센서에 만들어지도록 다음 그림과 같이 판을 만들어 붙입니다.

그림60 태양 전지판 자동 회전을 위한 광센서와 서보 모터

그럼 태양과 광센서가 정확히 마주 볼 때 광센서 값이 제일 큰 값을 가질 것이고 제일 큰 값이 될 때까지 모터를 회전시키면 똑똑한 스마트 태양 전기 발전기를 만들 수 있게 됩니다.

이에 대한 상세한 작업 과정은 이미 많이 공개되어 있어 관련 소스를 쉽게 사용해 만들 수 있습니다. 다음은 그 중 하나인 instructables 사이트의

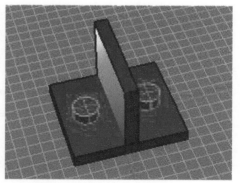

그림61 두 개 광센서 사이에 있는 그림자 판

Arduino Solar Tracker 프로젝트입니다.

- www.instructables.com/id/Arduino-Solar-Tracker/

그림62 아두이노 태양 추적기 (Arduino Solar Tracker, instructables.com)

6) 알고리즘 코딩하기

태양 전지를 배터리와 연결한 후에는 광센서로부터 얻은 데이터를 이용해 태양각을 계산하고, 이 각도 정보를 이용해서 서보 모터를 제어해 태양 전지를 적절히 회전시켜야 합니다. 아울러 태양에서 얻은 에너지를 전류 센서로 측정해 LCD에 표시해 주어야 합니다. 그리고 그 값들을 무선 통신으로 전달해 데이터베이스가 있는 컴퓨터에 저장해야 합니다. 센서와 모터의 동작은 아두이노 우노 보드를 통해 제어합니다. 그러므로 아두이노 우노 보드에 이런 동작을 할 수 있는 프로그램을 개발해 넣고 실행해야 합니다.

프로그램을 개발하기 위해서는 이런 작동 규칙을 컴퓨터가 이해할 수 있도록 알려줘야 됩니다. 이런 동작 방식을 정의하기 위해 우리는 알고리즘이란 개념을 이해

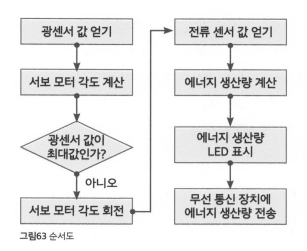

그림63 순서도

할 필요가 있습니다. 이런 모든 작동 규칙이 정해진 절차들을 잘 정리한 것을 알고리즘algorithm이라 합니다. 알고리즘으로 잘 정리된 생각들은 컴퓨터 언어로 표현할 수 있습니다. 알고리즘을 잘 정리하기 위해서는 순서도flowchart라는 것을 사용합니다. 순서도는 알고리즘을 정리할 때 도움을 줍니다. 스마트 태양광 발전기와 같은 경우 순서도는 그림 63과 같을 수 있습니다.

이 순서도를 컴퓨터가 이해할 수 있는 언어로 옮긴다면 다음과 같을 것입니다. 이 경우 아두이노 우노 보드에서 사용하는 컴퓨터 언어인 C언어를 사용하였습니다.

스마트 태양광 발전기 알고리즘 코드

`photoValue = readPhotoSensor();`	광센서로부터 값을 읽음
`if(photoValue < maxPhotoValue)`	광센서값이 최대치가 아니면
`{`	
`    motorAngle = calculateMotorAngle(photoValue);`	광센서 값으로부터 자세제어값 계산 및 자세 제어
`    rotateMotorAngle(motorAngle);`	
`}`	
`current = readCurrentSensor();`	전류 측정
`energy = calculateEnergy(current);`	발전된 에너지 계산
`displayValue(energy);`	발전된 에너지 표시
`time = getCurrentTime();`	시간 획득
`sendValueToWifi(time, energy);`	무선으로 발전된 에너지 값을 컴퓨터로 전송

아두이노 우노 보드가 데이터를 얻는 센서나 각도값을 전달하는 서버 모터 등은 그 종류에 따라 제어하는 방법이 약간씩 다를 수 있습니다. 여기서는 알고리즘을 함수적인 코드로 표현한 것입니다. 하지만 동작 방식은 거의 유사하죠. 게다가 이런 다양한 장치를 아두이노 우노 보드에서 쉽게 사용하도록 동작 방식을 일반화해 함수들로 만든 다양한 라이브러리library도 제공하기 때문에 이런 라이브러리를 이용해 다양한 장치들을 손쉽게 사용할 수 있습니다.

7) 마무리

지금까지 스마트하게 태양광 에너지를 저장하는 방법을 확인해 보았습니다. 이런 방식으로 우리가 에너지를 손쉽게 만들고 에너지가 얼마나 생산되는지를 눈으로 확인할 수 있습니다. 그리고 태양광을 가장 잘 수집할 수 있도록 광패널이 태양을 항상 향하게 만들 수도 있습니다. 좀 더 생각하면 저장된 에너지를 부족한 다른 집에 전달해 줄 수도 있겠죠. 이 경우에도 어느 집이 에너지가 부족한지 알고 있어야 하기 때문에 똑똑한 에너지 관리 기술이 필요합니다.

이런 모든 아이디어를 잘 구현하면 좀 더 친환경적이고, 에너지를 절약할 수 있는 지구 마을을 만들 수 있을 것입니다.

5 스마트 사회 − 스마트 홈

1) 머리말

에너지를 아끼려면 우리가 얼마나 에너지를 사용하는지 계속 확인할 필요가 있습니다. 그래야 언제 에너지를 많이 사용하고, 언제 불필요한 에너지를 사용하는지 등을 알아낼 수 있습니다. 이런 정보를 이용해 우리는 에너지를 효과적으로 절약할 수 있습니다. 스마트 홈은 우리가 에너지를 효과적으로 절약할 수 있도록 해

주는 집입니다.

우리가 사는 집이 현재 온도가 너무 더워 온도를 낮추면 건강도 좋아지고, 에너지도 절약한다는 것을 우리에게 알려주려면 어떻게 해야 할까요?

우선, 우리의 집이 어떤 상태인지, 실내 기온이 어떤지, 공기질이 좋은지, 조명은 적당한지, 전력은 얼마나 사용하는지를 알아내야 할 것입니다. 우리는 이런 양들을 연속된 물리적인 양으로 체감합니다. 이런 값을 아날로그 값이라 합니다. 예를 들어, 집 온도가 낮으면 차갑다고 느끼고 보일러 온도를 높이면 점점 따뜻해진다고 느끼는 것처럼 연속된 아날로그 값으로 체감합니다. 이런 값들을 우리가 집 밖에 있을 때도 스마트폰으로 알 수 있으면 불필요하게 낭비되는 에너지를 아낄 수 있을 겁니다.

우리가 사용하는 스마트폰은 디지털 값을 사용합니다. 디지털 값은 컴퓨터가 계산하기 좋은 형식으로 표현되어 있습니다. 디지털 값은 모든 값들을 0과 1의 조합으로 나타내죠(이를 이진수라 합니다). 컴퓨터는 디지털 값을 매우 빠르게 계산할 수 있습니다.

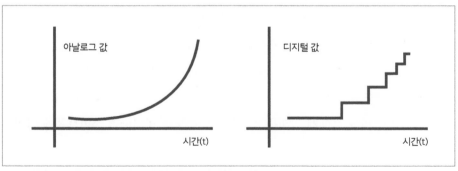

그림64 우리가 느끼는 아날로그 값과 컴퓨터가 계산하기 편한 디지털 값

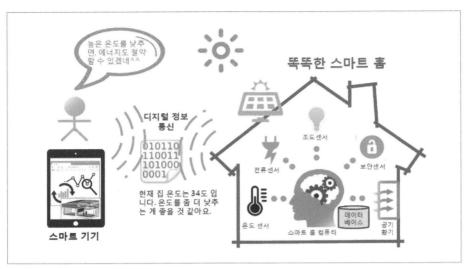

그림65 센서와 컴퓨터로 만드는 스마트 홈

스마트폰을 통해 집의 온도값을 확인하려면 아날로그 온도값이 디지털 온도값으로 바뀌어야 합니다. 이 역할을 하는 것을 센서sensor라고 합니다. 센서는 종류가 매우 다양합니다. 온도를 측정할 수 있는 온도 센서, 전류량을 측정할 수 있는 전류 센서, 공기질을 측정할 수 있는 공기질 센서 등 많은 종류가 있습니다. 이런 센서를 이용하면 아날로그 값을 컴퓨터가 계산하기 쉬운 디지털 값으로 바꿀 수 있습니다.

스마트 홈이 디지털 값으로 변환된 집의 온도 등을 우리의 스마트폰에 무조건 전달한다면 우리가 매번 확인을 해야 하니까 매우 번거로울 것입니다. 우리는 적절한 온도 범위를 스마트 홈에게 알려주고, 현재 그 온도를 벗어나면 스마트폰에 알려주면 좋겠지요.

온도 센서로부터 측정한 값은 데이터(자료)로 데이터베이스에 꾸준히 넣어 두고 온도의 최고치나 최대치, 혹은 사용 패턴을 분석해 우리에게 알려줄 수도 있습니다.

우리 집이 이렇게 똑똑해지려면 집의 온도를 측정하는 센서와 우리가 설정한 온

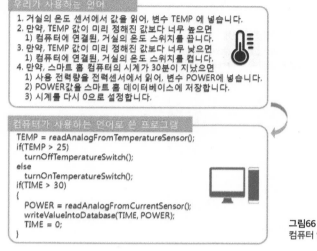

우리가 사용하는 언어

1. 거실의 온도 센서에서 값을 읽어, 변수 TEMP 에 넣습니다.
2. 만약, TEMP 값이 미리 정해진 값보다 너무 높으면
   1) 컴퓨터에 연결된, 거실의 온도 스위치를 끕니다.
3. 만약, TEMP 값이 미리 정해진 값보다 너무 낮으면
   1) 컴퓨터에 연결된, 거실의 온도 스위치를 켭니다.
4. 만약, 스마트 홈 컴퓨터의 시계가 30분이 지났으면
   1) 사용 전력량을 전력센서에서 읽어, 변수 POWER에 넣습니다.
   2) POWER값을 스마트 홈 데이터베이스에 저장합니다.
   3) 시계를 다시 0으로 설정합니다.

컴퓨터가 사용하는 언어로 쓴 프로그램

```
TEMP = readAnalogFromTemperatureSensor();
if(TEMP > 25)
    turnOffTemperatureSwitch();
else
    turnOnTemperatureSwitch();
if(TIME > 30)
{
    POWER = readAnalogFromCurrentSensor();
    writeValueIntoDatabase(TIME, POWER);
    TIME = 0;
}
```

그림66
컴퓨터 언어와 프로그램

도 범위를 우리 대신 감시하는 스마트 홈컴퓨터가 필요합니다.

이 스마트 홈컴퓨터는 연결된 센서값을 분석하고, 감시하여, 필요할 때 우리에게 메시지를 주거나 특정 조치(예를 들어, 커튼에 모터를 달아 커튼을 들어올린다던지)를 하게 할 수 있습니다. 이런 동작들은 컴퓨터에 그 동작 방식을 글로 쓰듯이 설명해 주어야 합니다. 그 글은 컴퓨터가 이해할 수 있는 컴퓨터 언어로 써 주어야 하겠지요.

이 컴퓨터는 온도뿐만 아니라 다양한 센서에서 들어온 디지털 값을 읽고, 우리가 설정한 방식으로 우리의 집을 우리 대신 똑똑하게 관리할 것입니다. 필요하다면 우리에게 스마트폰으로 현재 집의 상태를 알려주게 할 수도 있습니다.

스마트 홈컴퓨터가 센서에서 온 값을 판단하면 판단한 값을 우리가 가진 스마트폰에 알려줘야겠지요. 이를 위해서는 스마트 홈컴퓨터가 스마트폰과 서로 통신을 하게 해 주어야 합니다. 통신은 전파란 물리적 현상을 이용합니다. 전파를 이용하면 우리가 집 밖에 있을 때도 스마트 홈컴퓨터가 우리에게 전달해 주고 싶은 디지털 값을 스마트폰을 통해 전달해 줄 수 있습니다.

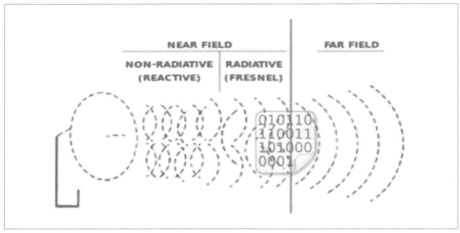

그림67 전파를 통한 정보 전달 (Wikipedia, Electromagnetic radiation)

2) 조도 측정하기

조도는 실내 밝기를 의미합니다. 우리는 가끔 낮에도 전등을 켜고 나갈 때가 있습니다. 이때 조도가 밝으면 전등을 자동으로 꺼 준다면 에너지도 절약되고 편리할 것입니다. 이렇게 똑똑한 집을 만들기 위해서는 보통 조도를 측정할 수 있는 광센서를 사용합니다. 주로 많이 사용하는 광센서는 다음과 같이 생겼습니다. 크기도 매우 작고 가격도 몇 십 원 정도로 매우 저렴합니다.

이 광센서를 다음과 같이 연결해 보고 www.arduino.cc/en/Tutorial/Calibration 웹사이트의 동작 소스 코드를 아두이노 통합개발환경에 붙어 넣은 후 실행하면 빌드된 소스 코드가 아두이노 컴퓨터로 USB를 전송됩니다(참고로 부록에 관련 코드 설명이 있습니다). 이 소스 코드가 아두이노에서 실행되면 주변의 밝기에 따라 LED 변화하는 것을 알 수 있습니다.

그림68 광센서

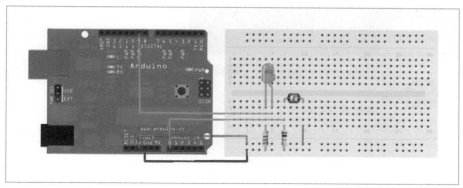

그림69 광센서 측정 회로 구성(arduino.cc)

프로그램은 매우 간단하게 되어 있습니다.

1. 광센서로부터 값을 읽어 sensorValue 변수에 넣습니다.

2. sensorValue 변수 값을 0에서 255사이 값으로 재계산해 발광 다이오드가 연결된 핀으로 그 변수값을 출력합니다.

이런 방식으로 우리는 센서로부터 값을 얻고 그 값을 재계산할 수 있습니다.

3)전류량 측정하기

전류 사용양은 전류 센서를 이용해 측정할 수 있습니다.

전류 센서는 많은 종류가 있습니다. 이를 이용해 집에서 사용되는 가전기기의 전류를 측정할 수 있습니다. 다만, 집에서 사용하는 가전기기 전류는 고전압(220볼트)이므로 가전기기에 직접 적용하는 것은 위험할 수 있습니다. 실제 메이커 페어에서 전시한 스마트 홈 작품은 안전상 이유로 220볼트를 5볼트 전압으로 변환한 아답터와 5볼트 전원 LED등을 이용해 전류 측정을 하였습니다.

여기에서는 Adafruit(www.adafruit.com)에서 개발한 전류 센서인 INA219를 이용해 건전지의 전류 소모량을 측정해 방법을 어떻게 메이크 할 수 있는지 소개하겠

그림70 에이다 프콧Adafruit의 사용 방법과 소스코드 튜토리얼(따라하기) 사이트 전류 측정 센서(INA219)

습니다. 이 센서는 전압도 함께 측정할 수 있어 편합니다. 해외에서 개발된 센서라도 국내에서 네이버 등을 통해 검색해 대부분 구입할 수 있습니다.

Adafruit은 아두이노, 라즈베리파이, 각종 센서 및 부품 판매에만 그치지 않고, 어떻게 사용하고, 만들고, 코딩하는 지에 대해서 설명하는 튜토리얼 페이지를 다음 그림과 같이 무료로 제공하고 있습니다.

INA219 전류센서를 사용하는 방법은 https://learn.adafruit.com/adafruit-ina219-current-sensor-breakout/programming 사이트에 잘 설명되어 있습니다.

해당 사이트를 방문해 보면 왼쪽 편에 INA219 전류 센서를 사용할 때 필요한 조립 방법Assembly, 전자회로 연결 방법Wiring, 코딩 방법Programming, INA219 전류 센서를 동작시키는 데 필요한 소프트웨어 라이브러리 사용 방법Library References, 해당 소프트웨어 라이브러리 다운로드Downloads 링크가 표시되어 있습니다.

'Wiring' 링크를 클릭해 보면 다음과 같은 전류 측정 센서 전자 회로 연결 방법

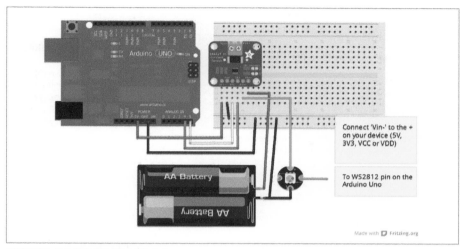

Connect 'Vin-' to the +
on your device (5V,
3V3, VCC or VDD)

To WS2812 pin on the
Arduino Uno

Made with ⚡ Fritzing.org

그림71 전류 측정 센서 전자 회로 연결 방법(Adafruit)

이 표시됩니다. 전류 센서는 전류가 소비되는 정도를 측정합니다. 이 회로에서는
WS2812란 발광다이오드를 이용해 건전지의 배터리를 소모하도록 하였습니다. 다
만, 굳이 동일한 부품가 없어도 전류를 소모하는 것이면 연결해 사용해 볼 수 있습
니다.

'Programming' 링크를 클릭해 'Install the Library'(라이브러리 설치하기) 내용을
확인해 봅니다. 이 부분에는 해당 센서를 사용하기 위해 어떻게 라이브러리를 설치
해야 하는지를 다음과 같이 설명하고 있습니다. 참고로 라이브러리는 주로 많이 사
하는 동작 소스코드를 도서관의 책처럼 꺼내 쓰기 쉽게 함수들로 미리 만들어 놓은
것입니다.

아두이노 프로그램의 "파일〉예제〉Adafruit_INA219〉getcurrent" 메뉴를 선택합
니다. 그럼 전류를 측정하는 코드 예제가 로딩될 것입니다. 아두이노 프로그램의 업
로드upload버튼을 클릭해 아두이노 컴퓨터로 USB를 이용해 프로그램을 전송합니다.

전송된 후에는 아두이노 컴퓨터에 연결된 시리얼 USB케이블을 통해 측정된 데이

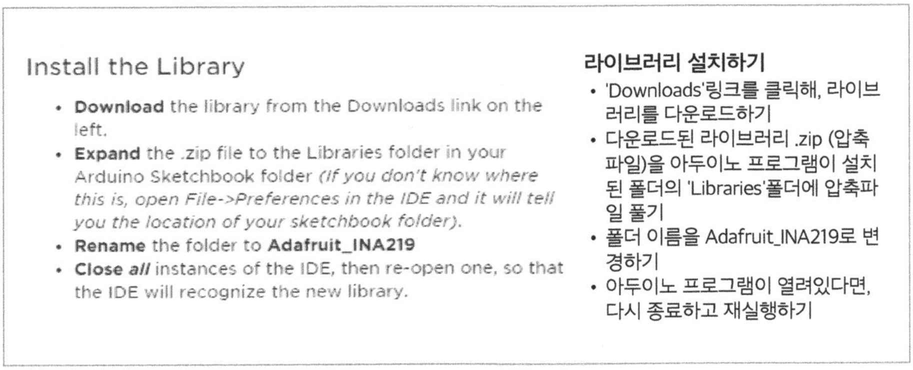

Install the Library

- **Download** the library from the Downloads link on the left.
- **Expand** the .zip file to the Libraries folder in your Arduino Sketchbook folder *(If you don't know where this is, open File->Preferences in the IDE and it will tell you the location of your sketchbook folder)*.
- **Rename** the folder to **Adafruit_INA219**
- **Close** *all* instances of the IDE, then re-open one, so that the IDE will recognize the new library.

라이브러리 설치하기
- 'Downloads'링크를 클릭해, 라이브러리를 다운로드하기
- 다운로드된 라이브러리 .zip (압축파일)을 아두이노 프로그램이 설치된 폴더의 'Libraries'폴더에 압축파일 풀기
- 폴더 이름을 Adafruit_INA219로 변경하기
- 아두이노 프로그램이 열려있다면, 다시 종료하고 재실행하기

그림72 에이다프룻 사이트의 INA219 전류측정센서 라이브러리 설치 방법 설명

터가 전달됩니다. 이 값은 "도구〉시리얼 모니터serial monitor" 메뉴를 통해 확인할 수 있습니다. 센서 예제에서는 데이터의 전송 속도가 115200 보baud(초당 비트 수)로 설정되어 있으므로 시리얼 모니터 도구도 같은 속도로 설정합니다. 그럼 측정된 데이터를 확인할 수 있습니다.

프로그램은 매우 간단해서 센서로부터 전류와 전압 값을 읽는 함수가 미리 준비되어 있습니다. 이 함수는 앞서 다운로드해 설치한 소프트웨어 라이브러리에 이미 코딩되어 있는 것입니다. 참고로 누군가 만들어 놓은 프로그램을 우리가 사용할 수 있도록 한 것을 함수라 합니다. 함수는 수학의 함수 개념처럼그림과 같이 함수 이름, 입력값, 함수 계산 방식, 출력값으로 구성되어 있습니다.

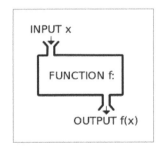

그림73 함수의 개념(WIKIPEDIA, Function)

측정된 값을 확인하고 싶다면 아두이노 컴퓨터의 시리얼 모니터 메뉴를 실행해 측정된 전류, 전압을 볼 수 있습니다. 이렇게 사용한 에너지를 실시간으로 측정할 수 있습니다.

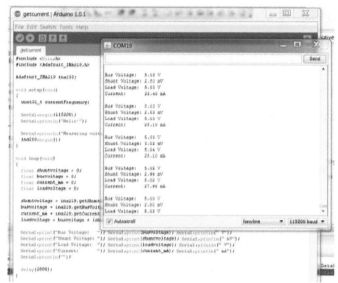

그림74 센서를 이용한 전기 에너지 사용 데이터 측정 예

이 값들을 데이터베이스에 저장해 놓으면 우리가 사용한 에너지 패턴을 알 수 있겠지요. 데이터베이스는 일종의 데이터를 기록한 매우 긴 종이라고 생각하면 됩니다. 혹시 엑셀 소프트웨어를 사용하고 있다면 이와 같은 것이라 생각하면 됩니다. 컴퓨터는 이 종이에 데이터를 순차적으로 기록하고 기록한 데이터를 읽을 수 있습니다. 컴퓨터는 이런 값들을 보통 하드디스크 등 데이터 저장 장치에 저장합니다.

그림75 데이터베이스가 저장되는 하드디스크와 저장된 데이터들

하드디스크에 저장된 데이터베이스를 확인해 보면 불필요한 에너지가 언제 낭비되고 있는 것을 확인할 수 있습니다. 예를 들어, 우리가 집을 비웠을 때, 혹은 에너지를 많이 쓸 필요가 없는 따스한 봄일 때, 데이터베이스에 기록된 에너지가 많이 사용된다면 우리 집에서 에너지가 낭비되고 있다는 것을 알 수 있습니다. 기록된 데이터를 잘 보면 원인을 파악할 수 있습니다.

이런 전류 측정 센서를 우리가 사용하는 가전기기에 연결해 놓으면 불필요하게 돌아가고 있는 선풍기, 에어컨, 조명, 난방 보일러 등을 끌 수 있겠지요.

4) 스마트 가전 기기 만들기

실내 조도가 밝으면 저절로 꺼지는 똑똑한 램프와 같이 스마트한 가전 기기를 만들기 위해서는 릴레이란 전자 부품을 사용해야 합니다. 여기에 우리가 집 밖에 있을 때도 무선으로 램프를 끄고 켜려면 WiFi와 같은 무선 통신 장치가 있어야 합니다.

불필요하게 사용되는 가전기기, 보일러 및 에어컨 등을 컴퓨터가 켜고 끄려면 릴레이relay라는 전자적으로 전기의 흐름을 켜고 끌 수 있는 스위치가 필요합니다. 보통 릴레이는 다음과 같이 생겼습니다. 볼트로 쪼여질 수 있는 핀이 2개가 있는데 여기에 가전제품과 연결하는 콘센트의 전원선 2개를 양극과 음극 구분해서 연결합니다.

콘센트의 전압은 매우 높기 때문에 전원에서 분리한 다음 선을 연결해야 합니다. 그렇지 않으면 크게 다칠 수 있습니다◆. 전류를 통하게 할지 말지는 옆에 있는 작은 신호 핀으로 신호를 줄 수 있습니다.

그림76 릴레이와 콘센트의 구성

◆ 릴레이 연결 작업은 항상 어른과 함께 하도록 합시다. 또한 절전용 장갑을 끼고 전선을 연결해야 합니다

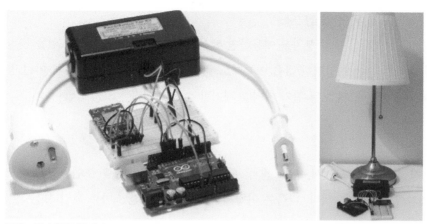

그림77 릴레이를 이용해 만든 스마트 콘센트(Adafruit)

릴레이를 이용하면 전기를 사용하는 모든 기기에 대해 전기 사용량을 조절할 수 있습니다. 다음은 콘센트를 이런 릴레이를 이용해 만든 스마트 콘센트입니다.

이 스마트 콘센트는 다음 그림처럼 생긴 WiFi 무선 통신 장치를 포함하고 있어 무선을 전원을 켜고 끌 수 있습니다. 무선 통신

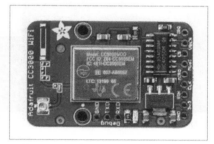

그림78 WiFi 무선 통신 장치 CC3000 (Adafruit)

장치는 직접 통신선이 연결되어 있지 않아도 장치 간에 데이터를 주고받을 수 있도록 해 줍니다.

전자 회로 구성 미치 코딩 방법은 앞서 설명한 것처럼 Adafruit 사이트 링크에서 복사해 사용할 수 있습니다.

http://learn.adafruit.com/wireless-power-switch-with-arduino-and-the-cc3000-wifi-chip?view=all

프로그램은 WiFi 장치에서 전원 켜기 신호를 받으면 릴레이에 전류를 통하게 하

도록 신호를 주게 되어 있습니다.

WiFi와 같이 무선 통신 장치를 이용하면 센서로부터 데이터를 받을 수 있을 뿐만 아니라 스마트 폰에서 입력한 값을 아두이노 컴퓨터로 전달할 수 있습니다. 이런 방법을 이용해 우리 집의 모든 전기 기기를 제어할 수 있습니다.

5) 조합하기

앞에서 설명한 온도 센서, 조도 센서, 온도 센서 및 릴레이 등을 조합하면 스마트 홈을 쉽게 만들 수 있습니다. 다음은 이렇게 조합해 만들어진 스마트 홈입니다.

그림79 스마트 홈 (서울 메이커 페어, 2015)

6) 마무리

지금까지 스마트 홈을 만드는 방법을 알아보았습니다. 사실, 스마트 홈을 만들기 위해 필요한 센서 및 모터 동작에 대한 프로그램 소스나 회로 구성도는 앞에 표시한 인터넷 사이트 등에 모두 공개되어 있습니다. 이런 오픈 소스들을 잘 이용해 스마트 홈을 만들어 사용하면 우리가 에너지를 절약할 수 있도록 알려주고 집안의 모든 전기 장치를 무선으로 제어할 수 있습니다. 게다가 센서로부터 저장된 데이터베이스를 이용해 에너지 사용 패턴을 확인하고 불필요한 에너지가 낭비될 때 그 원인을 빨리 파악할 수 있습니다.

최근 발전하고 있는 인공지능 기술을 데이터베이스와 연결하면 매년 에너지 사용량도 예측할 수 있고 에너지 사용 패턴을 분석해 우리 집의 전기 장치들을 관리하여 에너지를 자동적으로 줄일 수도 있습니다.

이런 모든 것들은 앞에 이야기한 스마트 홈컴퓨터, 센서, 전자 스위치, 무선 통신 장치, 데이터베이스를 이용해 만드는 것입니다. 각 글에 표시된 사이트에는 이를 만들 수 있는 프로그램과 전자 부품, 그리고 회로 구성도가 표시되어 있습니다. 잘 따라 한다면 여러분도 자신만의 스마트 홈을 만들 수 있습니다.

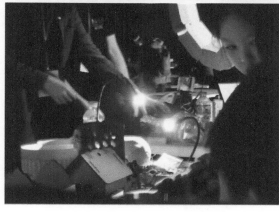

그림80
스마트 홈 작품 전시 (메이커 페어 2015. 과천 과학관. 유튜브. https://youtu.be/Bkrsk1emqgk)

6

행복한
키즈 메이커를 위해

작품을 만들고 전시하는 일은 그 결과보다 과정이 훨씬 흥미진진합니다. 직접 작품을 만들어 보는 과정에서 많은 창발적인 사고가 작품에 들어가고 작가 자신도 그 과정에 많은 영향을 받습니다. 최근 많은 미디어 작품들이 오픈소소와 커뮤니티 등의 소셜 네트워크 기반으로 만들어지고 있습니다. 한번 동참해 자신이 사회에서 말하고 싶은 메시지를 미디어 아트 형식으로 외쳐보는 것은 어떨까요? 과학적, 예술적 자아로서 성장뿐 아니라 지루해 질 수 있는 삶에 좋은 자극제가 될 수 있고, 더불어 주변에 작은 긍정적인 변화를 줄 수도 있는 기회가 됩니다.

앞서 글에서 진행한 연말 전시는 성공적으로 마무리되었고, 기간 동안 많은 분들이 우리들의 작품을 감상하고 피드백을 주었습니다. 전시 기간 동안 우리는 우리가

그림81 WiFi 전시 기간 중 워크숍

작품을 만들어 온 과정을 설명하는 세미나를 개최하였고 작품을 만들기 위해 공부했었던 내용들을 워크숍 형태로 개최하였습니다.

그리고 전시 기간 중 모은 연말 불우이웃 돕기 성금을 구세군에 전달하였습니다.

여기에 참여한 작가들은 대부분 처음 작품을 만들어 낸 분들이었습니다.

관심과 열정만 있다면 나이와 성별, 직업의 구분 없이 본인의 메시

그림82 전시 기간 동안 불우이웃 돕기

그림83 그룹 전시 엔딩 기념 사진(유로 아트센터)

지를 세상에 외칠 수 있는 작가가 될 수 있습니다. 여러분도 행복한 메이커로서 이러한 작업에 동참해 보시는 것은 어떨까요?

PART 2
실전편

메이커 도구
활용과 코딩하기

메이커 무기와
재료 알아보기

1 형태를 만들기 위한 도구

작품의 형태를 공작하기 위해서는 적당한 공구가 있어야 합니다. 아울러 안전 도구도 필요합니다. 여기서는 이와 관련된 내용을 알아보겠습니다.

1) 절삭 도구

절삭 도구는 무엇을 깎거나 절단할 때 사용합니다. 하지만 이런 도구는 아이가 다루기가 위험하여 어려움이 있습니다. 그러므로 절삭일 경우에는 어른이 작업해야 합니다.

구멍을 뚫을 때 사용하는 다음 그림과 같이 반듯이 드릴이나 재료를 고정시키고 사용해야 합니다. 무게가 가벼운 드릴 및 연마 공구는 아이가 쉽게 사용할 수 있습니다. 다만, 안전수칙을 알려주고 안전 도구를 쓰고 사용하도록 지도해야 합니다.

2) 연마 도구

연마 도구는 절삭된 재료를 다듬거나, 매끄럽게 할 때 사용합니다. 연마는 절삭 도구나 드릴처럼 날카로운 도구는 없기 때문에 상대적으로 다루기 안전합니다. 그래서 아이도 공구를 사용하기가 수월합니다. 하지만 연마를 할 때 발생하는 먼지나, 재료에서 튈 수 있는 조각이 눈이나 입에 들어갈 수도 있습니다. 그러므로 마스크와 공작용 안경을 착용하고 연마 작업을 해야 합니다.

작품을 공작하고, 연마하는 방법은 아이와 서로 질문하면서 경험을 정리하는 것이 좋습니다. 예를 들어, 공구를 사용한 경험을 다음과 같이 나눔을 하였습니다.

그림1 연마하기

아빠   연마 도구를 사용해 본 경험이 어때?

딸(선우)   디자인한 펜던트나 스마트 홈 작품의 모서리 모양을 더 깔끔하게 하기 위해
서 레이저 커터기를 사용하였지만 깔끔하게 절단되지 않을 때가 종종 있어
요. 그땐 연마기를 사용했어요. 연마기를 사용하면 거친 부분을 매끄럽게 다
듬을 수 있어요. 연마기 사용이 그리 힘들지는 않았지만 그래도 다치지 않기
위해서 안전경이나 마스크를 착용하고 주의해서 사용해야 해요.

3) 3D프린터

최근 3D프린팅 기술을 이용해 간단한 생활용품부터 장난감, 자전거, 디자인 소품
까지 집에서 간단히 3D프린터로 제작해 활용하는 사례가 점차 많아지고 있습니다.
총기 3D모델을 다운받아 3D프린터로 만든 총을 실제로 사격할 수 있는 정도로 완
성하여 사회적 문제가 되기까지 했고, 3D프린팅 규제 법안도 만들어야 한다는 여론
이 형성되기도 하였습니다.

지금까지는 대규모 설비를 가진 대기업 공장에서 찍어낼 수밖에 없었던 제작품들이 이젠 약간의 비용으로 시간을 들이면 본인이 만들고 싶은 것들을 만들어 낼 수 있는 시대가 된 것입니다. 실제 3D프린터의 가격은 처음 조립식 제품인 Cube의 경우 1,300달러였던 것이, 최근 20만원대까지 내려가고 있다. 재료도 단가가 많이 내려가 1kg에 몇 만원 정도 이하선에서 구입할 수 있습니다.

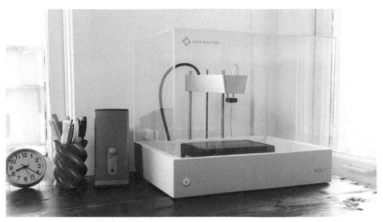

그림2 오픈소스 기반 저렴해진 3D프린터(Polly mosendz, 2014, You Can Now Get a 3D Printer for Under $200, The Wire)

재료도 금속, 도자기, 유리 등이 가능하기 때문에 산업용 수준의 제품도 개발할 수 있습니다. 모두가 계획 · 설계부터 구현 · 사용까지 모든 프로세스를 경험할 수 있는 예술가, 공예가, 연구자, 개발자, 제조업자, 건축가가 될 수 있는 것입니다.

이는 대중화된 즉 가격이 저렴해지고 3D프린트 제품 완성도가 높아졌고 디지털 기반 인프라의 보급, 가상3D모델링을 만들 수 있는 스케치업과 같은 툴들을 무료로 사용할 수 있게 된 결과라 할 수 있습니다.

언론에 소개된 3D프린팅 기술은 그 원리가 생각보다 간단합니다. XYZ 3축을 움직일 수 있는 구동축을 모터를 통해 움직이며, 그 움직임은 아두이노 arduino와 같은 소형 컴퓨터를 통해 제어합니다. XYZ축의 움직임은 재료를 쌓아서 만드는 적층형, 깎아서 만드는 절삭형, 레이저 등으로 재료를 녹여서 만드는 응고형 등에 따라 달라집니다.

그림3 3D모델링 프로그램(스케치업. Sketchup)과 3D 프린팅 (Bring Ur Idea to Life in 3 Dimension : 3D Printing and Sketchup. Sketchup-ur-space.com)

적층형은 노즐에서 출력되는 재료를 등고선 형태로 XY축을 통해서 제도하듯 그려 나갑니다. 적층하는 두께는 노즐에서 출력되는 재료의 두께에 따라 다릅니다. 만약 재료의 일부가 중공(中孔: 속이나 가운데에 구멍이 있는 것) 형태로 비어 있는 구조인 경우 서포트supporter와 같은 지지대를 출력하고, 그 위에 재료를 적층하도록 하여 쌓여진 재료가 무너지지 않도록 합니다.

절삭형은 CNC장비로 알려져 있습니다. 다만, 동작원리는 똑같기 때문에 이 글에서 언급합니다. 절삭형은 적층형의 노즐 부분이 드릴로 바뀐 것과 같습니다. 단단한 재료를 드릴로 깎아서 형태를 만듭니다. 3축으로는 재료의 한쪽 면만 가공할 수 있습니다. 360도 가공을 위해서는 제조업에서 사용되는 6축 로봇을 이용한 가공 기술이 필요합니다. 절삭형은 드릴 끝을 잘못 제어할 경우 원재료 자체가 크게 손상되고 안전의 위험도 있으므로 미리 가공 시뮬레이션을 통해 올바른 제어가 되었음을 확인하고 가공을 진행해야 합니다.

응고형은 적층형에 비해 좀 더 정밀한 가공이 가능합니다. 노즐 부분이 레이저 발광부가 됩니다. 파우더 형태의 재료를 레이저 등으로 가열해서 해당 재료를 녹이거나, 경화되는 수지를 이용해 응고함으로써 형상을 만들어 나갑니다. 재료를 녹여 응

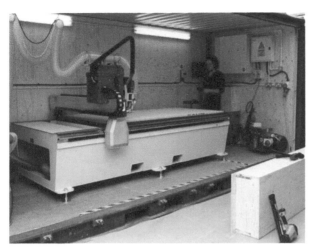

그림4
절삭형 CNC장비(BIM to Fabrication,
2013, AEC MAGAZINE)

고시키므로 재료의 밀도가 높아져 단단하고 표면이 매끄러운 가공이 가능합니다.
하지만 재료와 장비가 비싼 경우가 많습니다.

앞서 언급한 3D프린터들은 각 구동축을 제어할 때 STL과 같은 벡터vector 형태
포맷을 받아들여, 노즐이나 드릴의 말단의 3차원 위치를 제어하는 방식이 3D프린
터 자체 내에 내장된 소형 컴퓨터에 구현되어 있습니다. STL과 같은 벡터 자료가 저

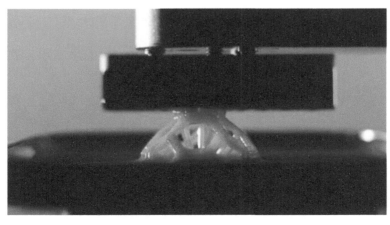

그림5
응고형 3D프린터
(Carbon3D)

장된 파일은 스케치업과 같은 일반적인 3D모델러에서 모델링한 후 변환할 수 있습니다.

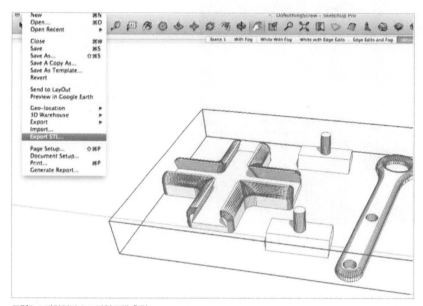

그림6 스케치업과 STL파일포맷 출력

원리적으로 보았을 때 레이저 절삭기에 사용되는 CNCComputer Numerical Control, 산업용 로봇 6축 제어와 동일한 기술이 사용됩니다. 특히 적층형 3D프린팅 기술은 도구와 방법들이 대부분 오픈소스화 되어 있어 일반인들이 오픈 소스 소프트웨어와 하드웨어를 이용해 저렴한 가격으로 조립해 사용하는 경우도 많으며 3D프린터 제작 교재들도 출판되어 있을 정도로 대중화된 상황입니다.

다만, 가공 시간과 밀도에 따라 가공된 결과물의 품질은 높아지며 상품성이 필요한 제품을 만들기 위해서는 3D프린팅 할 제품의 크기에 따라 수 시간에서 몇 일 이상의 기간이 걸리는 경우가 빈번합니다.

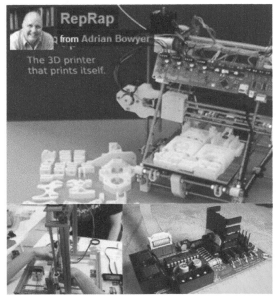

3차원 모델 디자인하기

⬇

디자인된 모델을 파일로 저장

⬇

모델 파일을 STL 파일로 변환

⬇

STL 파일을 3D 프린터로 전송

⬇

3차원 모델 3D 프린팅하기

⬇

프린팅 된 모델 후처리 가공하기

그림7 오픈소스 기반 3D프린터 개발 사이트(http://reprap.org/), DIY 개발 사이트(http://www.makeblock.cc/) 와 오픈소스 하드웨어 컴퓨터 아두이노(arduino) 및 모터 구동 드라이버

그림8 3D프린팅 하는 일반적인 순서

아울러, 3D프린팅 결과물은 표면 연마 등 후처리 가공이 필요한 경우가 많습니다. 현재 건설에서 3D프린팅 기술 및 사례로 많이 알려져 있는 것은 상대적으로 기술이 오픈되어 있고 구현이 쉬운 적층형 3D프린터입니다.

3D프린터를 사용하는 순서는 앞의 그림과 같이 대부분 비슷합니다.

3D프린터 재료는 일반적으로 ABS acrylonitrile butadiene styrene 과 PLA polylactic acid가 주로 사용됩니다. ABS는 석유로 만들어져서 점착성이 좋으며, 강도가 우수하며, 사포로 표현을 연마하거나 플라스틱용 물감으로 페인팅이 용이합니다. PLA는 녹말성분으로 만들어져 수축이 없고 저렴합니다.

그림9 ABS와 PLA (TOP4 3D PRINTING)

4) 레이저 커팅

레이저 커터는 MDF나 아크릴 재료의 얇은 패널을 레이저로 정확히 절단하는 기계입니다. 두께는 기계 성능에 따라 수 센티미터까지 절단할 수 있습니다. 절단되는 경로는 컴퓨터로 제어하기 때문에 매우 정확히 원하는 모양을 절단할 수 있습니다.

레이저로 커팅하는 이유는 실제로 손으로 작품을 조각하다 보면, 시간도 너무 오래 걸리고 깔끔하게 깎이지 않기 때문입니다. 다만, 절단하는 부분을 그리는 것이 스케치업이나 캐드란 프로그램을 이용해 그려야 해서 좀 어려운 점도 있습니다. 그리고 캐릭터나 펜던트 같은 것을 레이저 커팅할 때는 그림판에다 그린 후, 캐드에서 선으로 다시 따라 그려야 할 수도 있습니다.

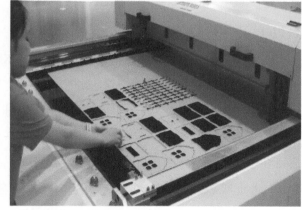

그림10 레이저 커터 장비

레이저 커터의 가격은 보통 수백만 원에서 수천만 원이며, 이는 정밀도와 기계가 재단할 수 있는 면적 크기에 따라 달라집니다. 수백만 원 수준의 레이저 커터는 밀리미터 정도의 오차가 발생할 수 있으나 복잡하지 않은 부품을 절단하는 것은 크게 문제 되지 않습니다.

레이저 커터 가격이 저렴하더라도 수백만 원 이상이며, 크기도 커서, 집에서 프린터처럼 구입해 작업하기에는 무리가 많습니다. 이런 이유로, 레이저 커터가 구비되어 있는 무한상상실, 팹 랩 등에서 장비 사용 예약을 한 후 사용하는 것이 일반적입니다.

그림11 레이저 커팅을 위한 캐드 작업

레이저 커팅을 위해서는 3D프린터를 사용할 때와 유사하게 절단할 패널을 먼저 컴퓨터로 디자인해야 합니다. 이를 보통 캐드 작업이라 합니다. 만약 삼각형으로 절단을 하고 싶다면 캐드 프로그램을 실행해서 선으로 삼각형을 그린 후, 이를 레이저 커팅 장비에 입력하면 레이저 노즐이 선이 그려진 위치를 정확히 따라가며 레이저로 패널을 커팅하는 방식입니다.

보통 많은 레이저 커팅 장치는 캐드 파일 형식을 DXF^{Drawing Exchange} 형식으로 받아드립니다. 참고로 DXF 파일 형식은 캐드 프로그램 개발사로 유명한 오토데스크 Autodesk란 회사에서 만든 파일 형식으로 2차원, 3차원 도형 및 속성을 저장하고 교환할 수 있는 산업계 표준 파일 형식입니다.

레이저 커터 장비는 장비에 DXF파일 내 디자인된 정보를 전송할 수 있는 자체 프로그램이 제공됩니다. 대부분의 레이저 커터 장비 구동 프로그램은 DXF파일을 읽고, 도형을 화면에 표시하고, 도형을 어떤 순서로 레이저 출력하고, 그때 강도와 출력 시간은 어떻게 설정하는지에 대한 기능이 포함되어 있습니다. 도형들에 대해 이런 정보를 설정한 후, 그 데이터를 레이저 커터 장비에 전송하는 기능이 포함되어 있습니다.

다음 그림은 레이저 커팅할 도형의 출력 순서를 색상을 이용해 설정할 수 있는 프로그램 예입니다. 그림의 경우에는 우측에 표시된 색상(흑색‒청색‒적색‒녹색 등의 순서로)으로 설정된 순서대로 도형을 레이저로 절단합니다.

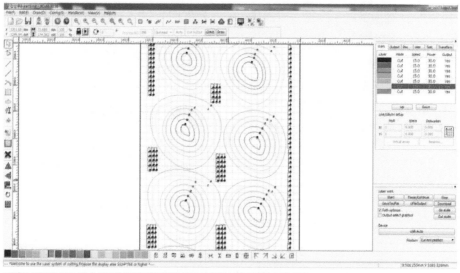

그림12 레이저 커팅 장비 구동용 프로그램 (장비 별로 구동용 프로그램이 제공된다)

재료의 종류나 두께에 따라 레이저 출력 시간 및 강도를 적절히 하지 않으면 패널이 제대로 절단 되지 않는 문제 등이 발생할 수 있습니다. 이를 고려해 적절한 값을 설정할 필요가 있습니다. 다음 그림에서는 청색으로 설정된 도형의 속도는 초당 15mm로 절단하고 그때의 레이저 강도값은 30%가 되도록 설정되어 있습니다. 레이저 강도나 속도는 절단할 재료와 재료의 두께에 따라 적절히 설정되어야 합니다.

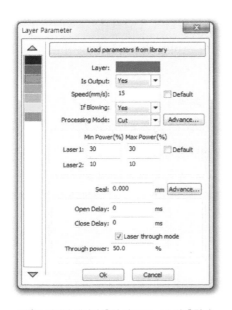

그림13 적절한 레이저 출력 강도(Power) 및 출력 속도(Speed) 설정

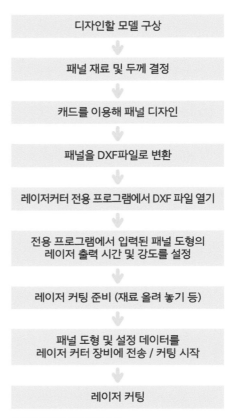

디자인할 모델 구상

⬇

패널 재료 및 두께 결정

⬇

캐드를 이용해 패널 디자인

⬇

패널을 DXF파일로 변환

⬇

레이저커터 전용 프로그램에서 DXF 파일 열기

⬇

전용 프로그램에서 입력된 패널 도형의
레이저 출력 시간 및 강도를 설정

⬇

레이저 커팅 준비 (재료 올려 놓기 등)

⬇

패널 도형 및 설정 데이터를
레이저 커터 장비에 전송 / 커팅 시작

⬇

레이저 커팅

그림14 레이저 커팅 작업 순서

레이저 커터 장비를 사용하는 순서는 위와 같습니다.

5) 접착제

무게가 가벼운 목재, MDF, 아크릴 패널 및 플라스틱을 서로 붙일 때 접착제를 사용할 수 있습니다. 못이나, 나사를 이용해 연결하는 것은 사실 힘도 들고 사전에 해야 할 작업들도 있어 상대적으로 작업이 불편합니다.

목공용 접착제나 순간접착제를 사용하면 소규모 작품은 부품들을 손쉽게 붙일 수 있습니다. 다만, 접착제를 사용하다, 손에 엉겨 붙을 수도 있고 눈에 접착제가 들어 갈 수 있기 때문에 안경 등을 착용하고 접착제를 사용하는 편이 좋습니다.

목공 파트를 접착할 때, 파트가 여러 개이거나 손으로 잡기가 커서 접착이 어렵다 면 그립을 사용할 수 있습니다. 그립은 파트들을 고정할 때 매우 유용합니다.

그림15 접착제와 그립 사용하기

6) 기타 작업 공구

글루건glue gun은 말 그대로 무언가를 접착할 때 사용하는 총처럼 생긴 공구입니다. 다음 그림처럼 생겼습니다. 총의 앞머리에 열선 코 일이 있어 반투명한 막대처럼 생긴 글루건심 을 녹여 물건을 접착할 수 있습니다.

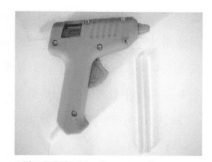

그림16 글루건(Wikimedia commons)

글루건심은 금방 굳고 접착력도 좋습니다. 또한 방수나 절연 성질이 있어 다양한 목적으 로 사용하기 좋습니다.

클램프bar clamp는 어떤 물체를 고정시키고, 가공할 때 사용합니다. 보통 다음과 같은 모양으로 생겼습니다. 고정시켜야 하는 물체가 힘을 많이 받는 경우, 흔들거려 작업하기 어려운데 이럴 때 사용합니다.

기타 공작할 때 재료에 손상을 가하지 않고 두들겨야할 때 사용하는 고무망치, 길이 등을 정확히 측정할 수 있는 스틸자 등이 사용됩니다.

그림17 클램프(Wikipedia)

7) 안전 장비

작품을 제작할 때는 항상 손이나 눈 등을 보호할 수 있는 안전 장비를 착용하고 작업을 해야 합니다. 작품의 부속품을 가공하거나 연마할 때 부속품의 조각이 눈으로 튀어 들어갈 수도 있으며 고속 회전 드릴이나 톱을 조심해 사용하지 않으면 몸에 상처를 입을 수도 있습니다. 강력접착제가 눈에 잘못 들어가면 매우 위험할 수도 있습니다. 밀폐된 공간에서 페인트, 컬러 스프레이 혹은 미세먼지를 일으키는 CNC기계를 사용할 때 먼지나 가스로 오염된 공기에 중독될 수도 있으며 호흡기가 상할 수도 있습니다. 소음이 심한 용접 기계 등을 사용할 경우 청력이 상할 수도 있습니다. 청력은 시각과 함께 한번 상하면 회복이 거의 되지 않는 신체기관입니다.

그러므로 이러한 작업을 할 때는 적절한 안전 장비를 착용하고 작업할 필요가 있습니다.

다음은 주로 많이 사용하는 안전 장비입니다.

그림18 안전경

그림19 방진 마스크

그림20 귀마개

이외에 가공 및 연마 장비 자체에 신체와 접촉할 경우 작동이 자동 정지되는 안전 장치가 부착된 장비도 있습니다. 작업을 위해 사용할 때 이런 장비를 우선적으로 사용하는 편이 좋습니다.

무엇보다 중요한 것은 아이들이 다루기 위험하거나 어려운 도구나 장치를 사용할 때는 어른이 항상 옆에 있으면서 안전을 위해 지도해 주야야 한다는 것입니다.

2 형태를 설계하기 위한 소프트웨어

1) 머리말

작품을 만들기 전에는 작품을 정확한 치수로 가공하기 위해 미리 디자인하는 절차를 거칩니다. 만약 작품을 구성하는 각 부품의 치수가 제각각으로 만들어진다면 작품을 최종 조립할 때 각 부품이 서로 잘 맞지 않을 것입니다.

디자인은 연필과 자를 이용해 제도drafting를 해도 되지만 이런 방식은 손에 의존하기 때문에 정확하게 디자인되지 않을 수도 있고, 제도된 도형과 치수를 다시 수정할 경우 도면이 지저분하게 됩니다. 아울러 디자인된 도형과 치수를 이용해 3D프린터나 레이저커팅 장비에 활용하고 싶을 때는 다시 관련 소프트웨어를 이용해 다시 그려야 합니다.

디자인 소프트웨어를 이용하면 이런 문제를 깔끔하게 해결할 수 있습니다.

2) 스케치업

스케치업Sketchup은 구글Google에서 무료로 개발한 3차원 디자인 소프트웨어입니다. 사용이 편리하고 기능이 강력함에도 불구하고 무료이기 때문에 많이 사용됩니다. https://www.sketchup.com/ko/download 에서 다운로드 할 수 있습니다.

3차원 형상을 디자인하는 기능들이 구현되어 있으며 관련 내용들이 도움말 혹은 유튜브의 동영상 형태로 제공되고 있어 누구나 손쉽게 디자인 과정을 따라할 수 있습니다.

스케치업은 제목 그대로 디자인하는 순서가 2차원에서 스케치를

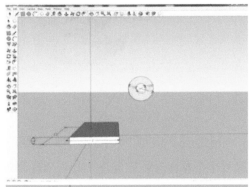

그림21 스케치업을 이용한 3차원 모형 설계 방법

하고 그 그림을 밀거나 당김으로써 3차원을 디자인할 수 있습니다.

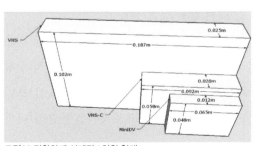

그림22 정확하게 설계된 3차원 형태

다음 그림과 같이 정확한 치수로 3차원 모형을 디자인할 수 있습니다.

디자인된 모델은 3D프린터, 레이저 커터 장비에 활용할 수 있는 DXF, OBJ 등 파일 유형으로 저장할 수 있어 그 활용도가 매우 좋습니다.

3) 라이노

라이노는 곡면과 같은 비정형적인 모형을 디자인할 때 매우 강력한 디자인 소프트웨어입니다. https://www.rhino3d.com/download 에서 다운로드할 수 있습니다.

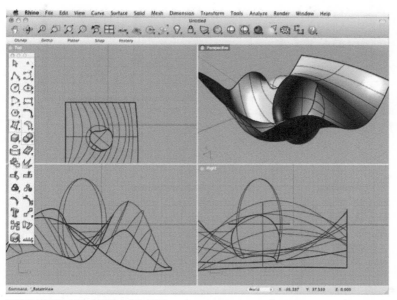

그림23 복잡한 곡면을 설계할 수 있는 라이노

3차원 모형을 저장하기 위한 다양한 유형의 파일 종류를 지원하고 있어 3D프린터, 레이저 커터와 같은 장비에서 사용되는 파일 유형으로 쉽게 저장할 수 있습니다.

아울러, 인터넷에서 다운로드 받을 수 있는 다양한 추가 기능들을 지원합니다. 이런 추가 기능들을 애드인add-in이라 합니다.

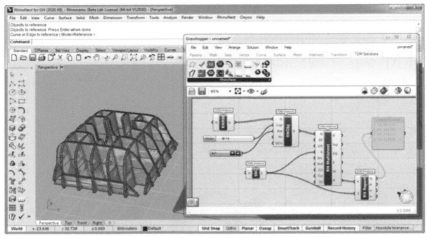

그림24 곡선형 모형을 손쉽게 변수값을 이용해 쉽게 디자인할 수 있는 그래스호퍼 애드인

그림25 아두이노 등 소형 컴퓨터와 센서를 손쉽게 제어할 수 있도록 개발된 파이어플라이(firefly) 애드인

다만, 유료 소프트웨어이고 스케치업에 비해서는 사용이 쉽지는 않습니다.

4) 오토캐드

레이저 커팅 등을 위한 커팅 경로의 설계를 위해서는 캐드를 이용해 디자인을 해야 합니다. 캐드는 Computer Aided Design의 약자로 컴퓨터를 이용한 설계 소프트웨어를 말합니다. 캐드 소프트웨어 중에 가장 유명한 것은 오토데스크Autodesk사

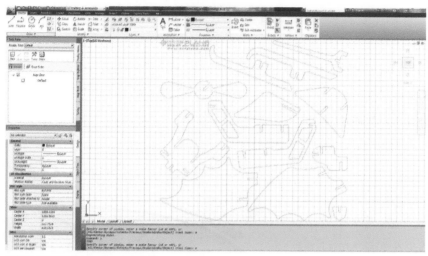

그림26 오토캐드(Autocad. Autodesk사)

에서 개발한 오토캐드Autocad입니다.

　오토캐드는 다음 그림과 같은 화면을 가졌으며, 선, 원, 호 등 다양한 도형들을 정확한 수치로 그릴 수 있는 강력한 기능들을 지원합니다. 이런 기능들을 이용해서 레이저 커팅을 해야 할 경로를 설계할 수 있습니다.

그림27 캐드 작업 모습

　오토캐드는 http://www.autodesk.co.kr/education/home에서 무료로 교육용 버전을 다운로드 할 수 있고, 무료 온라인 교육도 받을 수 있습니다.

　레이저 커팅 등을 위해 필요한 오토캐드 명령은 직선line, 원circle, 호arc, 절단trim, 연장extend 등 입니다. 이런 명령들은 사용하기 그리 어렵지 않으며, 유튜브 등에 관련 튜토리얼이 무료로 제공되고 있습니다.

3 동작하는 작품을 코딩하기 위한 소형 컴퓨터

1) 컴퓨터와 센서

우리가 살아가는 세계는 물리적 현상이 지배하는 아날로그analog의 세상입니다. 우리가 느끼는 온도, 습도, 무게, 마찰력 등은 아날로그로 표현됩니다. 예를 들어, 온도가 약간 높거나 습도가 아주 낮거나 하는 식의 연속적으로 연결된 강도로 느낍니다.

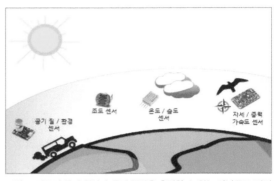

그림28 지구의 물리 현상과 물리 현상을 측정할 수 있는 아날로그-디지털 센서

이러한 강도를 컴퓨터가 인식할 수 있는 디지털 데이터data 값으로 변환하는 장치를 센서sensor라 합니다. 센서는 온도, 습도, 힘, 마찰력, 중력, 자세와 같은 수많은 물리적 현상을 측정해 디지털 데이터 신호digital data signal로 변환합니다.

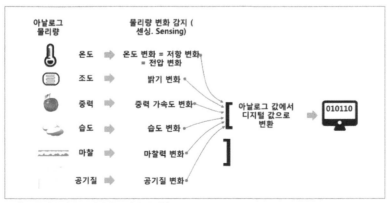

그림29 물리량 변화를 감지하는 센서의 역할

아두이노와 같은 컴퓨터가 있으면 센서에서 값을 얻어 여러 가지 계산을 할 수 있습니다. 또한 계산한 값을 반대로 물리적 현상으로 재현할 수 있습니다. 이런 역할을 하는 장치를 액추에이터actuator라 합니다.

다음 그림은 조도센서에 따라 커튼을 닫거나 여는 똑똑한 스마트 커튼의 예입니다. 커튼을 닫거나 열려면 물리적인 힘을 재현해 줄 수 있는 모터가 필요합니다. 이런 모터가 액추에이터입니다.

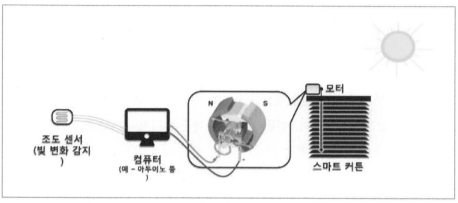

그림30 액추에이터 중 하나인 모터를 이용한 스마트 커튼

힘을 재현해 주는 모터뿐 아니라 빛을 만들어주는 램프, 공간을 따뜻하게 만들어주는 난방기, 스위치를 켜고 끄는 장치들 모두 액추에이터라 합니다.

이런 액추에이터는 모두 힘, 압력, 빛, 소리와 같은 물리적 현상을 만들어 낼 때 사용하며 전자 부품 상가나 인터넷 사이트에서 손쉽게 구할 수 있습니다.

결론적으로 아두이노, 센서, 액추에이터를 이용하면 물리적인 아날로그 세계에서 센서를 통해 데이터를 취득하고 이를 아두이노에서 실행되는 소프트웨어가 해석하여 사용자가 원하는 물리적 환경을 액추에이터가 물리적으로 재현할 수 있습니다. 다음 그림은 이런 상황을 설명한 것입니다.

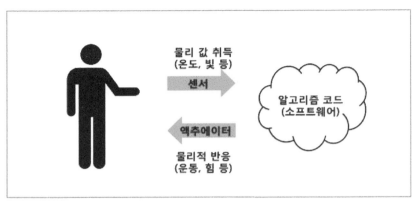

그림31 센서와 액추에이터를 통한 물리적 현상 재현

　컴퓨터는 이때, 센서를 통해 물리적 변화를 감지sensing(센싱)한 아날로그 값을 디지털 값으로 변환해서 그 값을 메모리에 넣어두고 프로그램을 실행해 액추에이터에 필요한 출력값을 계산합니다. 컴퓨터는 모든 계산을 디지털 자료 형식으로 처리합니다. 그리고 이 계산을 어떻게 할지, 처리 순서를 결정하는 것은 프로그램이 담당합니다. 프로그램에 담긴 처리 순서를 해석하고 계산하는 역할은 CPU(중앙처리장치)가 맡습니다. CPU는 일종의 계산기입니다.

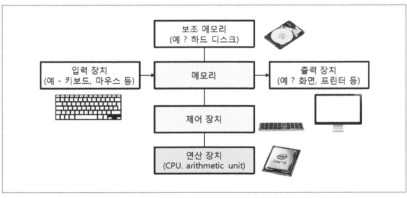

그림32 컴퓨터의 구조

컴퓨터는 우리들이 이 프로그램을 손쉽게 만들어 넣을 수 있도록 되어 있습니다. 이때 컴퓨터가 이해할 수 있는 컴퓨터 언어로 처리 순서를 컴퓨터에 입력해 줘야 합니다. 이 작업을 코딩coding라 합니다.

처리 순서는 컴퓨터에게 전달할 명령의 수행 흐름이죠.

프로그램을 구성하는 명령의 처리 순서에 따라 컴퓨터는 차례대로 명령을 실행합니다. 예를 들어, 센서값을 읽고 이 값을 메모리에 담아 둔 후, 모터에 전달할 값을 계산합니다. 이런 처리 순서 그 자체를 알고리즘algorithm이라 하죠. 정리해 보면 컴퓨터에게 전달할 명령의 처리 순서인 알고리즘을 컴퓨터 언어로 입력해 나가는 것을 코딩이라 말하는 것이죠.

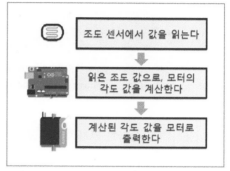

그림33 알고리즘(처리 순서)을 만들어 컴퓨터에 입력하는 작업인 코딩

코딩 작업을 전문적으로 하는 사람을 개발자developer라 하고 코딩을 프로그래밍programming이라 말하기도 합니다. 컴퓨터는 영국에서 최초로 개발되었습니다. 그러므로 컴퓨터 언어는 보통 영어와 유사한 형식으로 되어 있습니다.

그림34 코딩 작업 (www.softwarehamilton.com, 2013, LADIES LEARNING CODE COMES TO HAMILTON)

그림35 스크래치를 이용한 코딩 (Stuart Dredge, 2014, Kids can get coding with Scratch-based Pyonkee iPad app)

최근에는 비영어권 국가 및 어린이들도 손쉽게 코딩을 할 수 있도록 스크래치scratch와 같은 그림 조각을 이용해 코딩하는 코딩 보조 도구들도 많이 생겼습니다.

참고로 디지털 자료 형식은 0101110과 같은 이진수 값으로 모든 정보를 처리할 수 있도록 한 자료 형식입니다. 디지털 자료 형식을 이용하면 컴퓨터가 글자, 그림, 소리 등을 손쉽게 계산할 수 있습니다.

컴퓨터는 아무리 일을 많이 시켜도 불평하거나 힘들어하지 않습니다. 그리고 빛의 속도만큼 빠르게 복잡한 계산을 쉽게 할 수 있습니다. 오직 전기가 있으면 동작하죠. 계산하기 힘든 작업의 순서를 알고리즘으로 잘 코딩해서 프로그램을 만들어 놓으면 세상은 매우 편해질 것입니다.

2) 아두이노, 라즈베리파이 소형 컴퓨터

아두이노는 이탈리아에서 개발한 소형 컴퓨터입니다. 아두이노를 잘 이용하면 우리가 살고 있는 물리적인 세계와 디지털 세계를 효과적으로 연결할 수 있습니다. 아두이노를 개발한 곳에서 만든 웹사이트에서는 아두이노 컴퓨터 보드(board)와 이를 실행할 수 있는 소프트웨어와 예제들을 다양하게 제공하고 있습니다.

아두이노를 사용하면 동작하고 움직이고 말하는 작품을 만들 수 있습니다.

예를 들어, 작품이 사람에게 "안녕!" 이라고 말하게 하고 싶은 경우에 아두이노를 사용합니다. 그런 프로그램 같은 경우에는 다음 그림과 같은 아두이노 관련 사이트에 들어가면 이런 프로젝트들에 대한 작업 방법 등을 얻을 수 있고 작품에 들어가는

그림36 아두이노 웹사이트 (http://www.arduino.cc/)

프로그램을 좀 더 쉽게 코딩할 수 있습니다.

아두이노 컴퓨터는 여러 가지 종류가 있습니다.

이 중에 주로 많이 사용되는 것은 작업하기가 쉬운 아두이노 우노 보드◆ arduino uno board입니다. 명함 정도 크기이며 인터넷에서 만원 이하에 구입할 수 있습니다.

아두이노 우노는 두뇌의 역할을 하는 마이크로 컨트롤러micro controller, 코딩한 코드code와 데이터를 저장할 수 있는 메모리memory, 센서값을 입력받을 수 있는 아날로그 입력핀pin, 액추에이터 등에 디지털 값을 출력할 수 있는 출력핀pin 등이 보드에 조립되어 있습니다. 이들을 전자 부품이라 합니다.

그림37 아두이노 우노(Wikipedia)

전자회로는 전기로 움직입니다. 전자회로를 구성하는 각종 전자 부품들은 전류

◆ 보드는 보통 전자회로에 사용되는 기판(board)을 말합니다. 아두이노 우노 보드는 아두이노 우노란 소형 컴퓨터가 조립된 전자회로보드를 말하는 것입니다.

(전기의 흐름)와 전압(전기의 압력)에 의해서 동작합니다. 각 부품들은 사용하는 전류와 전압이 다릅니다. 아두이노 우노는 5볼트Volt 전압을 사용해 보드에 조립된 전자부품들에 전기를 제공합니다.

아두이노 이외에 아이들도 쉽게 사용할 수 있는 소형 컴퓨터는 라즈베리파이 Raspberry PI, RPI가 있습니다. 최근 5달러 정도에 소형 라즈베리파이가 출시되어 구입할 수 있게 되었습니다. 크기는 아두이노 우노 컴퓨터의 절반 크기 입니다.

그림38 라즈베리파이 제로 (Raspberry PI Zero, www.raspberrypi.org)

아두이노와 마찬가지로 많은 작품 메이크 소스와 과정이 인터넷에 공개되어 있습니다. 누구나 쉽게 따라할 수 있도록 코딩 환경이 갖춰져 있으며 블록으로 코딩할 수 있는 스크래치scratch 는 사용하기 쉽습니다.

특히, 아두이노 보다 성능이 훨씬 뛰어나 리눅스linux와 같은 운영체제를 설치하여 인터넷에 기반한 작품들을 만들기 쉽습니다.

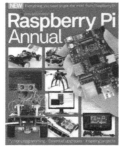

그림39 라즈베리파이로 만들 수 있는 것들 (로봇, 스크래치, 감시카메라, 스마트 홈 등등. Raspberry Pi - Point & Shooting Camera, ContractorWolf.com. The Hobby Guy, 2014, Soldering Sunday)

이외에 명함 크기 정도의 소형 컴퓨터에는 비글본beaglebone, 오드로이드odroid 등
이 있습니다.

4 동작하는 작품을 만들기 위한 전자회로

1) 머리말

만들어진 작품이 움직이고 소리를 내기 위해서는 전자 회로 공작이 필요합니다.
전자 회로는 센서에 반응하는 작품, 로봇, 전기로 움직이는 무엇을 만들 때 아주 많
이 사용됩니다.

전자 회로는 온도나 습도를 측정하는 센서sensor, 움직임을 만들어 내는 모터, 움
직이는 방법을 코딩한 알고리즘을 실행하는 아두이노와 같은 소형 컴퓨터 등을 원
하는 목적으로 동작하게 연결한 것입니다.

전자 회로를 구성하는 수많은 센서와 모터 등 전자 부품을 사용하기 위해서는 전
자 부품에 어떤 종류가 있는지 알아볼 필요가 있습니다. 이 장에서는 종류별로 전자
부품을 소개하도록 하겠습니다. 그리고 전자 회로 공작을 위해 어떤 공작 도구가 필
요한지를 설명하겠습니다.

2) 전자 부품 구입하기

각 전자 부품의 사용법은 보통 센서를 구입한 곳이나 웹사이트를 통해 얻을 수 있
습니다.

다음 그림은 DHT11 온습도 센서를 이용해 간단한 무선 웨더스테이션weather
station(기상 관측소)을 만들어 보는 방법을 설명한 Adafruit사의 웹페이지입니다. 많
은 전자 부품 구입 사이트에서 이런 방식으로 회로 구성 및 프로그램 코드를 공유하
고 있어 전자 부품을 사용하는 데 큰 어려움이 없습니다.

특히, Adafruit에서 제공하고 있는 다양한 따라하기 튜토리얼tutorial은 수많은 메이커들이 작품을 만들 때 최우선으로 참고가 될 만큼 수많은 튜토리얼과 신뢰가 높은 판매 사이트이기 때문에 작품 제작할 때 매우 유용합니다.

공유된 프로그램 코드는 거의 대부분 오픈 소스라 사용하는 데 큰 문제가 없으며, 동작이 검증되어 있기 때문에 에러error가 발생할 확률도 적습니다.

전자 부품을 이용해 회로를 구성하는 방법은 이런 식으로 각 소자의 사용법을 익힌 후 조합해 무언가를 만들어 나가는 방식입니다.

복잡한 전자 회로가 아니면 대부분 브레드보드란 빵판에 전자 부품을 꼽아서 회로를 구성해 사용합니다.

그림40 전자 부품의 유명한 구매 사이트 중 하나인 Adafruit에서 제공하는 전자 회로 공작 따라하기 페이지(온습도 측정 센서 DHT11 을 사용한 작품)

3) 브래드보드

브래드보드는 전자 부품들을 서로 쉽게 연결하고 전자 회로를 만들기 위해 필요한 부품입니다. 브레드보드는 다음 그림의 좌측과 같은 모습을 가집니다. 브래드보드를 분해해 보면 그림 우측과 같이 회로가 배선된 것을 알 수 있습니다. 브래드보드는 미리 이렇게 배선이 되어 있어 전류를 흘러 보내야 할 소자들을 적절히 배치함으로써 손쉽게 소자들을 배선하고 동작시킬 수 있습니다.

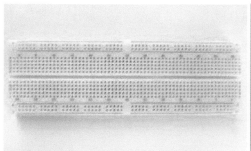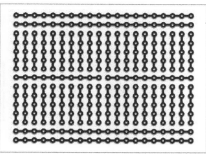

그림41 브래드보드와 브래드보드 내부 결선(전선 연결 형태)

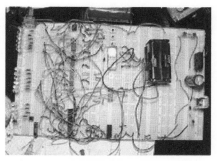

다음 그림은 브래드보드를 이용해 전자 회로를 만든 예입니다.

브래드보드가 없다면 우리들은 소자들 간 배선과 납땜 작업을 힘들게 해야 했을 것입니다.

그림42 브래드보드를 이용한 회로 구성 예(wikipedia)

4) 저항

저항은 회로의 전압이나 전류를 제어할 때 활용합니다.

각 전자부품이 동작하기 위해서는 허용 전압과 요구되는 전류가 입력되어야 합니다. 그렇지 않을 경우, 소자가 과부하로 재대로 동작되지 않고 고장이 납니다. 이를 조정할 때 저항은 유용한 방법이 됩니다.

저항은 고정 저항과 가변 저항이 있습니다.

고정 저항은 다음 그림과 같이 생겼습니다. 저항 중 크기가 작은 것은 아래와 같이 색상코드로 저항값을 표시하고 있습니다.

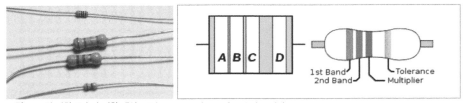

그림43 고정 저항 모습과 저항 색상코드(Resistor color-coding, Wikipedia)

아래는 저항값을 표시하는 방법을 정의한 색상코드입니다. 이를 이용해 저항값을 계산할 수 있습니다.

Color	Digit 1	Digit 2	Multiplier	Tolerance
Black	0	0	$\times 10^0$	
Brown	1	1	$\times 10^1$	±1% (F)
Red	2	2	$\times 10^2$	±2% (G)
Orange	3	3	$\times 10^3$	
Yellow	4	4	$\times 10^4$	
Green	5	5	$\times 10^5$	±0.5% (D)
Blue	6	6	$\times 10^6$	±0.25% (C)
Violet	7	7	$\times 10^7$	±0.1% (B)
Gray	8	8	$\times 10^8$	±0.05% (A)
White	9	9	$\times 10^9$	
Gold			$\times 0.1$	±5% (J)
Silver			$\times 0.01$	±10% (K)

그림44 저항값 계산표

가변 저항은 고정된 고정 저항에 비해, 저항값을 사용자가 직접 다이얼을 돌려 변경할 수 있도록 만든 것입니다. 다음 그림과 같은 모양 및 구조를 가지고 있습니다. 저항값을 사용자가 조정할 수 있으므로 빛의 밝기, 음량의 크기 등을 다이얼로 조정하고 싶은 경우 유용합니다.

저항을 이용하면 회로에 흐르는 전류, 전압을 적절히 조절할 수 있습니다. 각 전자 부품은 동작할 수 있는 동작 전압 등이 미리 결정되어 있습니다. 그러므로 전자회로와 전자부품이 잘 작동하도록 저항을 사용하는 것은 필수적입니다.

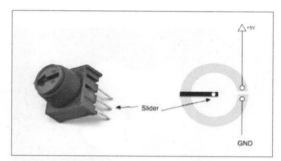

그림45 가변 저항 (variable resistor) 모습

각 전자 부품이 동작할 수 있도록 연결하는 회로의 전류, 전압, 저항 계산은 독일 과학자 게오르크 옴이 만든 옴의 법칙Ohm's law으로 계산할 수 있습니다.

$$옴의 법칙: \ V(전압) = I(전류) \times R(저항)$$

사실 메이크할 때 굳이 옴의 법칙을 몰라도 얼마든지 전자회로를 개발할 수 있습니다. 아두이노 등 오픈소스 하드웨어 DIY 커뮤니티community에서 어린이도 전자회로를 만들기 쉬운 그림으로 전체 제작 과정이 오픈되어 있기 때문입니다.

하지만 옴의 법칙을 이해하면 좀 더 전자회로의 작동 방법을 깊게 이해할 수 있고, 응용력도 높아질 수 있습니다. 옴의 법칙은 이 책에서 전자회로 동작방식을 설명하는 다음 장에서 좀 더 자세히 설명하도록 하겠습니다.

5) LED

빛을 내는 발광 다이오드입니다. 한쪽 방향으로만 전류를 흘려보냅니다. 전류가 흐르면서 발광부에서 빛이 나는 소자입니다. 아름다운 인테리어 조명이나 대형 디스플레이display 화면을 만들 때 주로 사용합니다.

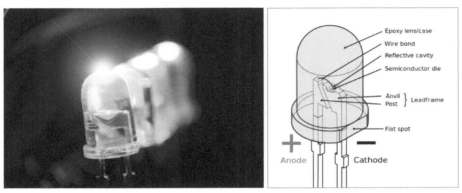

그림46 LED소자 모습 및 구조(Wikipedia)

6) 광센서

우리는 가끔 낮에도 전등을 켜고 나갈 때가 있습니다. 이때는 에너지가 낭비되겠죠. 낮에 전등을 자동으로 꺼 준다면 에너지도 절약되고 편리할 것입니다. 이렇게 똑똑한 집을 만들기 위해서는 보통 조도(빛의 밝기)를 측정할 수 있는 광센서를 사용합니다. 주로 많이 사용하는 광센서는 다음처럼 생겼습니다. 크기도 매우 작고, 가격도 몇십 원 정도로 매우 저렴합니다.

그림47 광센서

7) 온습도 센서

온도, 습도 센서는 아날로그 값인 온도나 습도 값을 전압이나 디지털 신호로 변환해 주는 역할을 하는 전자 부품입니다. 온도, 습도를 측정하는 센서의 종류는 측정되는 값의 정밀도, 정확도, 센서값의 손쉬운 취득 방식, 측정할 수 있는 대상에 따라다음 그림과 같이 매우 다양한 모양입니다.

그림48 온습도 센서 DHT11 및 온도 센서 (DS18B20)

8) 자이로 센서

자이로gyro 센서는 드론과 같은 로봇이 자세를 제어할 때 주로 사용합니다.

자이로 센서는 다음과 같은 3차원 각 축에서의 회전 방향 변화를 측정할 수 있습니다. 각 회전은 Yaw(Y축 기준), Pitch(Z축 기준), Roll(X축 기준)이라 합니다.

그림49 자이로 센서 (Adafruit)

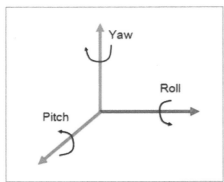

그림50 자이로 센서가 측정하는 3차원 축

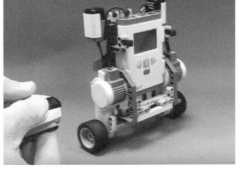

그림51 자이로 센서를 사용한 밸런스 로봇 예(LEGO Mindstorms NXT)

　자이로 센서를 사용하면 재미있는 것들을 많이 만들 수 있습니다. 그림은 자이로 센서를 사용한 밸런스balance(균형) 로봇입니다.

9) 모터

　모터motor는 전기의 힘을 운동 에너지로 변환해 주는 장치입니다. 초등학교 과학 시간에 모터 만들기를 경험해 본 사람이 있을 것입니다. 모터의 구조는 매우 간단해서 다음 그림과 같이 강력 자석, 구리선 및 철심만 있으면 만들 수 있습니다.

그림52 자석과 구리선을 이용한 모터 예 (http://www.arvindguptatoys.com)

　모터는 전기를 생산하는 발전기와 거의 유사한 구조를 가지고 있습니다. 풍력 발전이나 조력 발전소에는 이런 모터와 비슷하게 생긴 장치들이 들어 있어 있습니다. 이 경우에는 운동 에너지를 전기 에너지로 변환합니다.

　모터가 사용되어 다양한 운동 방식을

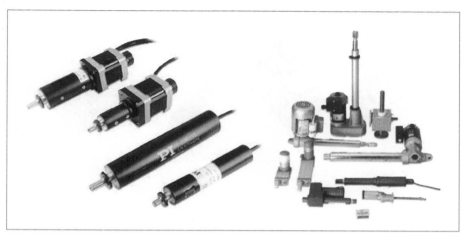

그림53 리니어 액추에이터

만들어 내는 장치를 액추에이터actuator라고 합니다. 액추에이터는 운동을 만들어 내는 방식에 따라 다양합니다. 앞의 그림은 직선 축으로 운동을 만들어 주는 리니어 linear 액추에이터입니다.

모터는 몇 가지 큰 종류가 있습니다. 우리가 장난감에서 주로 보는 DC모터, 위치를 정확히 조정할 수 있는 서보servo 모터, 위치와 속도를 조정할 수 있는 스태핑 stepper모터 입니다.

DC모터는 입력 전류 방향에 따라 회전 방향을 조절할 수 있습니다. 다만, 회전 횟수와 방향을 자유롭게 조절하기 위해서는 별도의 드라이버 회로가 필요합니다.

서보모터는 회전 범위 안에서 위치를 정확히 조절할 수 있습니다. 회전 반경은 보통 180도 이내입니다.

스텝 모터는 회전각과 회전속도를 정밀히 조절할 수 있습니다. 3D프린터에 많이 사용됩니다.

그림54 DC모터, 서보 모터 및 스탭 모터

10) 전자 스위치 (릴레이)

큰 부하를 다룰 때 사용하며 기계식과 전기식으로 스위치의 접점부를 온오프 하는 소자입니다. 보통 전기 전원을 끈다던지 전등 및 가전기기를 켜고 끄는 데 사용됩니다.

릴레이는 초등학교 과학 시간에 배운 전자기 유도현상을 이용합니다. 코일을 감은 철심에 전류를 흘러, 전자석을 만들어 전자석의 자력으로 스위치를 온오프on-off(연결 및 단락) 시키는 원리입니다.

그림55 릴레이 및 릴레이 구조 (Wikipedia)

11) 기타 전자 부품

전자 회로를 구성하는 목적에 따라 필요한 전자 부품들은 상상하기 어려울 만큼 다양하고 그 수가 많습니다. 가격도 몇 원짜리 센서부터 수천 만원짜리 레이저 센서까지 종류가 다양합니다. 하지만 우리들이 만드는 작품들에 들어가는 센서나 모터들은 보통 수십 원에서 수천 원 사이가 대부분이니 큰 걱정은 안 해도 될 것입니다.

국내에 있는 부품들은 인터넷이나 용산 전자상가 같은 곳에서 쉽게 구할 수 있습니다. 물론 부품을 사용하는 방법은 Adafruit나 유튜브 같은 해외 사이트를 참고하면 대부분 손쉽게 만들 수 있습니다. 이 책 부록의 관련 웹사이트를 참고하시길 바랍니다.

그림56 부품 구매 사이트(예 - 디바이스 마트. www.devicemart.co.kr)

12) 전자 회로 공작 도구

전자 회로를 개발하기 위해서는 다음과 같이 몇 가지 준비물이 필요합니다.

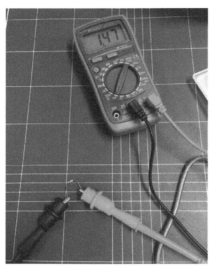

그림57 테스터기 사용

• **테스터기**

회로나 소자의 전압, 전류 등을 측정할 수 있는 기기로 몇 만원 이하로 구입할 수 있습니다. 테스터기는 전류가 흐르는 두 지점의 전압, 전류를 측정하거나, 저항값을 측정할 수 있습니다. 아울러, 전선이 단락 (끊어졌을 때) 되었는지, 연결 되었는지를 확인할 수 있는 기능도 있습니다. 이러한 기능은 회로가 정상적으로 동작하지 않을 때, 어느 부분이 잘못 되었는지 테스트하기 위해, 사용합니다.

• **인두기(Soldering Iron) 및 실납**

회로에 소자를 접합시키기 위해 납땜을 할 수 있는 도구입니다. 납땜은 어렵지 않으나, 어른이 옆에서 주도해 주는 것이 안전상 좋습니다.

그림58 납땜 공구와 납땜 연습하기

• 전선

전선은 전자 소자에 신호나 전류를 전달해 주는 역할을 합니다. 전선은 목적에 따라 골라서 사용하는 게 좋습니다. 예를 들어, 전류가 많이 흐르면 이를 고려해 그에 맞는 굵은 전선을 사용해야 합니다.

• 니퍼(nipper)

전선 등을 절단할 때 사용합니다.

• 전선 스트리퍼(Wire Stripper)

전선 피복을 벗길 때 사용합니다. 스트리퍼의 앞머리에는 전선의 지름 별로 표시된 구멍이 있는 데 전선을 지름에 해당하는 구멍에 물리고, 당기면 전선이 벗겨지도록 되어 있습니다.

• 부품 상자

다양한 종류의 작은 전자 부품 등은 서로 섞이면 찾기가 어렵습니다. 이런 이유로 저항, 전구, LED, 센서, 전선 등을 종류별로 분류해 보관할 수 있는 부품 상자가 필요합니다.

• 기타

기타로 시간에 따른 전압과 전류의 변화를 측정할 수 있는 오실로스코프가 있으

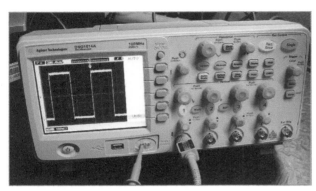

그림59
오실로스코프(Asilent)

면 좋습니다. 메이크진 잡지에 나오는 대부분의 작품들은 이런 오실로스코프가 없
어도 만들 수 있는 것들입니다. 하지만 좀 더 복잡한 전자 회로를 만들려면 이런 장
비가 매우 큰 도움이 됩니다. 보통 괜찮은 중국산 제품들을 인터넷에서 50 ~ 60만
원 정도에 구입할 수 있습니다.

앞의 장비 도구를 사용하는 방법은 유튜브에 도구이름과 함께 튜토리얼tutorial이
란 단어로 검색해 보면 잘 나와 있습니다. 동영상들을 잘 따라하다 보면 크게 어렵
지 않게 사용할 수 있습니다.

메이크 방법
알아보기

1 전자회로 동작방식 이해하기

1) 머리말

전자회로 공작을 할 때 전자 회로가 어떻게 동작되는지 알면 좀 더 쉽게 메이크를 할 수 있습니다. 물론 전자 회로의 동작 방법을 이해하지 않아도, 유튜브나 Adafruit 사이트 등에서 알려주는 튜토리얼을 따라 장난감 조립하듯이 작업하면 원하는 작품을 쉽게 만들 수도 있습니다. 하지만 회로의 동작 방법을 알면 좀 더 깊은 수준에서 재미있는 작품들을 만들 수 있습니다.

2) 전류, 전압, 저항에 대해

우리가 많이 사용하는 조명을 위한 전등, 난방을 위한 보일러, 냉방을 위한 에어컨 등은 모두 전기를 사용합니다. 이런 전자 기기들은 전기의 몇 가지 중요한 성질을 잘 활용하고 있습니다. 그것은 저항, 전류, 전압이라는 것입니다. 전자 기기들은 적절한 전류와 전압이 없으면 동작하지 않습니다. 그럼 저항, 전류, 전압이 무엇인지 간단히 알아볼까요?

전기는 마치 물과 비슷한 측면이 있습니다. 그래서 저항, 전류, 전압도 물과 비슷하게 설명할 수 있습니다.

전류 – 전기는 물이 흐르는 관처럼 전선을 타고 흐릅니다. 이때 전선을 타고 흐르는 것을 전자의 흐름이라고 생각해 봅니다. 이를 전류라고 합니다. 이는 관을 흐르는 물의 분자와 비슷하게 생각할 수 있습니다. 전류가 많다는 것은 관을 흐르는 수량이 많다는 것을 의미하지요.

전압 - 전압은 물의 압력이 높은 곳에서 낮은 곳으로 흐릅니다. 이를 수압차라고 합니다. 전류도 전압이 높은 곳에서 낮은 곳으로 흐르지요.

저항 - 저항은 물의 흐름을 방해하는 것과 유사한 역할을 합니다. 즉 전류의 흐름을 방해하는 것을 저항이라고 하죠. 저항이 전혀 없다면 무한대의 전류가 전선을 흐르게 됩니다. 그 전류가 지나가는 소자는 너무 많은 전류로 타버릴 수 있습니다. 참고로 전자 부품이나 전선 등은 자기만의 저항과 허용 전류량을 가지고 있답니다.

전류, 전압, 저항은 서로 관계가 있습니다. 예를 들어, 전류가 흐르는 전선의 양쪽 끝 전압의 차가 크면 그 사이에 흐르는 전류는 많아집니다. 이는 관 속을 흐르는 물의 양쪽 끝 압력 차이가 크면, 물의 흐름이 많아지고 빨라지는 것과 비슷한 현상입니다.

다음 그림은 전류, 전압, 저항을 물의 흐름으로 표현한 것입니다.

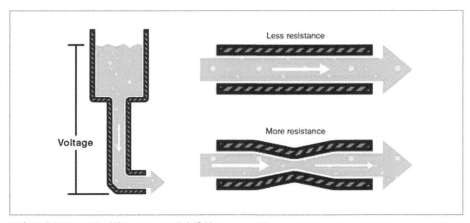

그림60 전압(Voltate)과 저항(Resistance) 개념 (출처 - learn.sparkfun.com, Voltage, Current, Resistance, and Ohm's Law, (https://learn.sparkfun.com/tutorials/voltage-current-resistance-and-ohms-law/resistance)

다음은 전류, 전압, 저항의 관계를 수식으로 표현한 것입니다. 이 수식을 옴의 법칙이라 합니다. 독일의 물리학자 옴이 전선의 두 지점 간에 흐르는 전류, 전압, 저항의 성질을 발견한 법칙입니다.

$$V(전압) = I(전류) \times R(저항)$$

여기서 I는 전류로 암페어A, ampere, V는 전압V. volt, R은 저항R. resistance을 뜻합니다. 이 수식을 이용하면 마음대로 전기가 흐르는 특정 지점간의 전압, 전류를 계산하고 조절할 수 있습니다.

전기를 사용하는 기기가 전류가 흐르는 전선 사이에 있으면 전류를 사용한 전자 기기는 전기의 에너지를 빛(조명), 열(난방), 운동에너지(선풍기)로 사용합니다. 만약 전류양이 전자 기기가 사용하는 양을 넘어버리면(이를 과도 전류라 합니다) 전자 기기가 너무 많은 전류 양으로 인해 고장 날 수 있습니다. 그러므로 저항을 이용해 전류량을 조절한 후 전자 기기에 전류를 전달해 줘야 합니다.

전류는 전선과 전선에 연결된 전자 기기 속을 흐르게 되는데 이를 전자 회로라 합니다. 다음 그림은 전류가 흐르면 빛이 나는 전자 부품인 발광 다이오드LED. Light Emitting Diode를 이용한 전자 회로의 예입니다.

 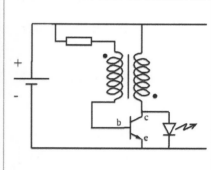

그림61 발광 다이오드(LED) 전자 회로도 예(Wikipedia, Joule thief)

참고로 전자 회로는 많은 부품으로 복잡하게 구성될 수 있습니다. 이때 전자 회로를 다른 사람들과 함께 만들어야 할 상황이 생겼다고 합시다. 앞의 왼쪽 그림처럼 그린다면 다른 사람이 잘못된 회로를 만들 수 있습니다. 그대로 동작시키면 부품이 고장이 날 수도 있고 과도 전류가 흘러 불이 날 수도 있겠죠. 그래서 오른쪽 그림처럼 부품을 간단한 기호와 값으로 표현한 전자 회로도를 많이 사용합니다.

3) 전자 부품 기호 이해하기

이외에 전자적 스위치인 릴레이, 메모리 소자인 플립플롭/래치/레지스터 등 많은 것들이 있습니다. 각 소자는 회로도에 표시할 때 다음 그림과 같이 편의상 약속된 기호를 사용합니다.

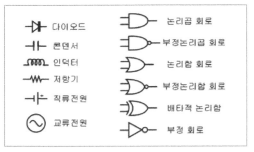

그림62 전자회로 기호(wikipedia)

다음은 이 기호를 사용해 회로도를 디자인한 예입니다. 이런 전자회로 기호를 사용하면 사람이 훨씬 보기 편해지고 회로의 기능과 부품의 입출력 연결을 쉽게 파악할 수 있습니다.

전자 회로도를 꼭 이해할 수 있어야 하는 것은 아닙니다. 전자 회로를 몰라도 전자 회로 공작을 하는

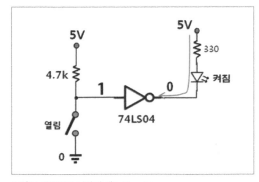

그림63 전자회로 디자인 예(wikipedia)

것은 별로 어렵지 않습니다. Adafuit 같은 사이트에서 브래드보드를 이용해 부품을 연결하는 방법을 다음 그림과 같이 설명하고 있기 때문입니다.

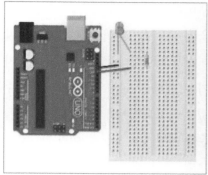

그림64 회로 연결 방법을 설명한 다이어그램

그림65 제작된 전자회로 기판 (Wikipedia)

하지만 전자 회로 기호를 이해하고 있으면 좀 더 복잡한 전자 회로를 설계할 수 있고, 설계된 전자 회로 그림을 기판 제작 업체에 보내서 저항과 같은 기본적인 전자 부품이 조립된 자신만의 전자 회로 기판을 만들어 작품에 사용할 수 있습니다.

2 코딩과 알고리즘 이해하기

코딩coding이란 컴퓨터가 어떤 목적을 수행하도록 컴퓨터가 이해하는 순서로, 컴퓨터 사용자가 명령어를 입력하는 행위입니다. 이때의 컴퓨터 사용자를 보통 개발자developer라 합니다.

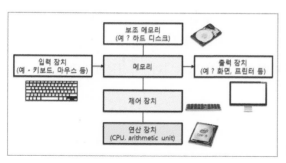

이 책에서 언급하고 있는 아두이노도 컴퓨터의 일종입니다. 컴퓨터의 구성요소는 다음과 같이 이루어져 있습니다.

그림66 컴퓨터 구성요소

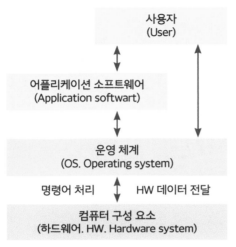

그림67 운영 체계의 역할

이렇게 구성된 컴퓨터의 각 구성 요소는 매우 복잡하여 사용자가 직접 제어하기 어렵습니다. 그러므로 사용자가 손쉽게 각 구성 요소를 제어할 수 있는 소프트웨어가 필요합니다. 이를 운영 체제operating system이라 합니다.

즉 운영 체제는 복잡한 하드웨어 HW. hardware로 구성된 각 구성 요소를 손쉽게 제어할 수 있는 목적으로 만들어진 것입니다.

운영 체계는 그림처럼 컴퓨터 하드웨어에 제어 명령어를 전달하거나, 반대로 하드웨어에서 데이터 신호를 받는 역할을 합니다.

운영 체계는 컴퓨터 하드웨어를 제어하는 명령어를 제공하므로 이 명령어들을 이용해 편리한 어플리케이션application을 개발할 수 있습니다. 우리가 많이 사용되는 아래한글, 워드, 게임과 같은 것들입니다.

이런 어플리케이션을 만들기 위해서는 이에 맞는 명령어를 코딩해야 합니다. 다음 그림은 간단한 게임 어플리케이션의 명령어 처리 순서도입니다.

순서도는 명령을 처리하는 순서 및 조건을 표현한 그림입니다. 다음 그림에서 처리 순서는 화살표로 표시됩니다. 사각형은 하나 이상의 명령을 의미합니다. 마름모꼴은 명령을 처리한 후의 결과에 따른 조건문을 말합니다. 조건문에 따라 실행 순서가 달라지는 것을 알 수 있습니다.

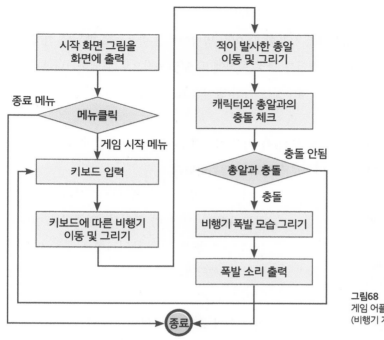

그림68
게임 어플리케이션의 코딩 예
(비행기 게임 순서도)

이 책에서 설명하는 코딩을 지원하는 스크래치, 아두이노, 프로세싱과 같은 도구 모두 이런 방식의 명령어 코딩을 지원합니다. 심지어, 스크래치나 엔트리의 경우 명령어를 일일이 키보드로 입력할 필요가 없이 앞의 그림과 같은 명령어 블럭을 드래그&드롭drag & drop함으로써 코딩을 할 수 있습니다.

명령어를 직접 입력해 실행하는 아두이노나 프로세싱의 경우 컴퓨터 운영체제가 이해하는 명령어를 입력해야 하므로 명령어를 입력하는 방법이 정확히 정해져 있으며 미리 정해진 방법을 따르지 않으면 컴퓨터는 그 명령어를 이해하지 못해 실행할 수가 없습니다.

명령어의 일반적인 예는 화면의 특정 위치에 글이나 그림을 그리기, 컴퓨터 스피커로 선택된 소리를 출력하기, 키보드로부터 글자 입력받기, 마우스로부터 좌표 입력받기, 프린터로 문서 출력하기 등입니다.

윈도우와 같은 운영체제를 사용할 때 이런 명령어들은 마우스로 메뉴를 선택함으로써 실행합니다. 많은 명령어를 특정 목적에 맞게 반복적으로 실행하거나 특정 조건일 경우에만 실행해야 할 경우에는 이런 방식으로는 자동적으로 실행하기가 어렵습니다.

코딩은 이런 경우 어떤 명령어들을 미리 정해진 순서나 조건에 맞게 수행할 수 있도록 컴퓨터가 이해하는 언어로 입력하는 행위입니다.

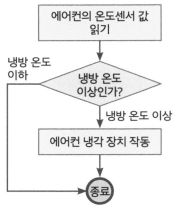

컴퓨터 명령어를 실행하는 순서나 조건들을 알고리즘algorithm이라 합니다. 컴퓨터로 실행되는 산업용 로봇, 안드로이드형 로봇뿐 아니라 에어컨, 세탁기와 같은 가전제품에도 이러한 알고리즘이 코딩되어 있습니다. 즉 작은 컴퓨터가 이런 장치 안에 들어 있는 것이지요.

그림은 간단한 에어컨 알고리즘의 예입니다.

그림69 에어컨 알고리즘

3 스크래치 코딩하기

1) 머리말

스크래치는 어린이가 코딩과 알고리즘 개발 능력을 쉽게 배울 수 있도록 개발된 코딩 도구입니다. 스크래치는 MIT대학에서 개발되었고 전 세계적으로 스마트 코딩 교육에 많이 활용되고 있는 도구 중 하나입니다. 오픈소스라서 엔트리 등 많은 코딩 도구에서 변형해 활용하고 있습니다.

아두이노나 프로세싱 같은 고급 수준의 프로그램은 어린이들이 처음 바로 사용기에는 수준이 높습니다. 스크래치는 레고 블럭으로 장난감을 만들듯이 코딩을 할 수 있도록 만든 코딩 도구입니다. 동작, 형태, 데이터, 함수, 연산, 관찰 등으로 보기 편리하게 정리되어 있어 다른 코딩 도구보다 쉽고, 재미있게 코딩할 수 있습니다.

스크래치는 스크래치 인터넷 사이트에서 프로그램을 다운로드 받아 설치하거나 다음 그림과 같은 스크래치 웹사이트에 가입해서 사용할 수 있습니다.

그림70 스크래치 웹사이트 (https://scratch.mit.edu)

스크래치는 다음 링크에서 바로 시작할 수 있습니다.

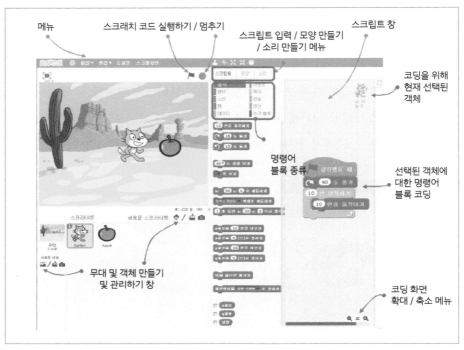

메뉴
스크래치 코드 실행하기 / 멈추기
스크립트 입력 / 모양 만들기 / 소리 만들기 메뉴
스크립트 창
코딩을 위해 현재 선택된 객체
명령어 블록 종류
선택된 객체에 대한 명령어 블록 코딩
무대 및 객체 만들기 및 관리하기 창
스프라이트
새로운 스프라이트
코딩 화면 확대 / 축소 메뉴

그림71 스크래치 코딩 환경

클릭을 하면 다음과 같은 코딩 환경이 실행됩니다.

앞에서 설명한 순서도와 유사한 명령어 블럭들이 중간에 나열되어 있습니다. 그리고 순서도를 그릴 수 있도록 오른쪽에 스크립트script 창이 나타나 있습니다. 스크립트는 대본이란 뜻으로 연극의 대본처럼 배우들의 수행 순서나 조건을 정의했다는 뜻으로 사용한 말입니다. 스크래치에서는 코딩을 통해 스크립트를 작성합니다.

왼쪽 화면에서는 무대를 만들고 스크립트를 연기할 인물, 사물 및 배경을 만들 수 있습니다. 배우들은 스프라이트sprite 그림으로 통해 모양을 그려줄 수 있습니다. 스크래치는 배우들 및 배경의 다양한 그림을 제공하고 있으며 본인이 직접 그리기 도구를 이용해 그릴 수도 있습니다.

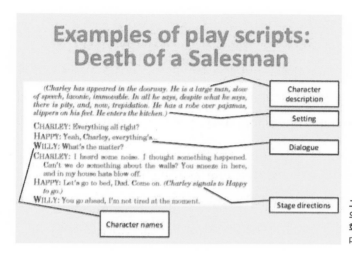

그림72 스크래치는 연극 대본의 요소인 캐릭터, 무대, 설정, 대화와 유사한 구조(Sarah Ghost, play scripts teacher as writer)

스크래치는 움직이고, 소리 내고, 마우스 및 키보드 입력 사건event(이벤트)에 반응하는 모든 것을 객체object라고 합니다. 객체를 만들고 객체가 어떻게 반응할지를 대본에 코딩하는 셈이죠.

무대에서 나는 깃발이 클릭되었을 때, 90도로 회전하고, 앞으로 10만큼, 10번 움직일 거야.

무대에서 나는 깃발이 클릭되었을 때, 'Birthday' 음악을 연주할 꺼야

무대에서 나는 깃발이 클릭되었을 때, 크기를 원래대로 하고, 크기를 10만큼 10번 크게 할 꺼야.

그림73 객체 중심적 (지향적) 으로 코딩을 하는 스크래치

이런 개념을 객체지향object-oriented라고 합니다. 앞의 그림처럼 객체를 중심으로 객체가 어떻게 연기할 지를 코딩하므로 객체 중심, 즉, 객체 지향이란 말이죠.

앞의 그림처럼 무대와 무대 위에서 연기할 객체인 고양이, 사과를 선택해 각각 명령어 블록으로 코딩을 해 봅니다. 그리고 깃발을 클릭해, 이벤트를 발생시키면 우리가 미리 코딩한 대본에 따라 무대, 고양이, 사과는 움직이고, 반응하고, 음악을 연주할 것입니다.

객체 지향이란 개념은 앞으로 코딩할 때 많이 사용됩니다. 스크래치에서는 객체를 스프라이트나 무대를 불러옴으로써 자동으로 만들어 주지만 다른 컴퓨터 언어에서는 명령어를 글로 입력함으로써 객체를 만들어 줍니다. 사실, 개념상 차이는 없는 셈이죠.

2) 코딩

스크래치는 아두이노 컴퓨터에서 직접 명령어 문장을 입력하는 방식으로 코딩하지 않습니다. 스크래치에서는 컴퓨터에 명령을 줄 수 있는 다양한 명령 블록을 제공합니다. 이 블록을 레고 장난감처럼 조합해서 코딩을 합니다.

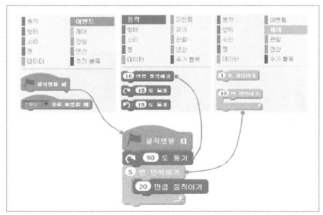

그림74
스크래치 블럭 명령어를 이용한
스크립트 코딩하기

위 그림은 선택된 캐릭터에 대하여 스크래치 블록 명령어인 이벤트 명령어, 동작 명령어, 제어 명령어를 이용해 간단히 선택된 캐릭터를 90도 회전하여 20만큼 5번 씩 이동하는 스크립트를 코딩한 것입니다.

다음 그림은 위 스크립트를 실행한 결과입니다.

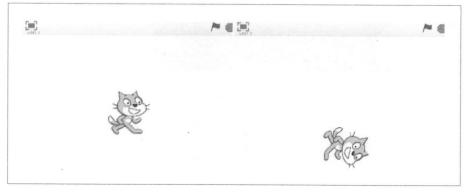

그림75 스크립트 실행 전과 후

스크립트는 앞에서 설명한 순서도와 매우 유사한 구조를 가지고 있습니다. 제어 명령어의 반복하기 명령은 다른 명령어를 포함할 수 있습니다. 그래서 많은 명령어 들을 반복해 실행할 수 있습니다.

스크래치를 이용하면 여러분 스스로 게임, 만화, 애니메이션, 유용한 프로그램을 만들 수 있고, 심지어 아두이노 컴퓨터와 연결해, 센서로부터 값을 얻거나 모터를 동작시켜 로봇이나 움직이는 자동차를 만들 수도 있습니다.

웹사이트에는 다양한 예제들이 포함되어 있어 하나씩 따라하다 보면 코딩 실력이 빨리 발전한다는 것을 느낄 수 있습니다.

스크래치는 아이들에게 알고리즘algorithm을 기반으로 한 논리적 사고를 가르치기 좋은 코딩 도구입니다.

4 S4A 스크래치로 아두이노 코딩하기

1) 머리말

S4A$^{scratch\ for\ arduino}$는 스크래치 기반으로 개발된 아두이노를 제어하기 위해 개발된 코딩 도구입니다. 역시 오픈소스이며 다양한 코딩도구에 사용되고 있습니다.

그림76
아두이노 컴퓨터를 사용한
스크래치 (http://s4a.cat)

S4A를 이용하면 아두이노를 제어하기 위해 컴퓨터 언어를 이용하지 않고 스크래치 방식으로 손쉽게 코딩할 수 있습니다. 그냥 명령어 블럭만 스크립트 패널에 순서대로 붙여 나가면 됩니다. 그럼 차례대로 각 명령어 블럭이 실행됩니다.

홈페이지에서 S4A를 다운로드 할 수 있습니다. 홈페이지에는 S4A 프로그램을 설치하고 아두이노 보드 인식을 위한 펌웨어^{firmware}를 아두이노에 설치하라고 나와 있습니다. 이 순서대로 진행하면 아두이노를 스크래치를 이용해 코딩할 수 있습니다.

설치 순서는 다음과 같습니다.

1. S4A 프로그램 설치: 페이지에 링크된 S4A16.zip 파일을 다운로드 받아 설치

합니다.

2. 아두이노 개발환경 다운로드 및 설치: http://arduino.cc/en/Main/Software에서 다운로드 받고 설치합니다.

3. 아두이노 드라이버*Arduino driver* 설치

4. S4A 펌웨어 다운로드: S4A Firmware16.ino 파일 다운로드

5. 아두이노 개발환경 실행 및 펌웨어 파일 열기

6. 컴퓨터와 아우이노 보드를 USB로 연결

그림77 S4A 설치 순서 설명 페이지(http://s4a.cat)

7. 아두이노 개발환경에서 도구메뉴를 이용해 아두이노 보드 종류 및 시리얼 포트 선택

8. S4A 펌웨어 파일을 열고, 스케치 메뉴에서 업로드하기

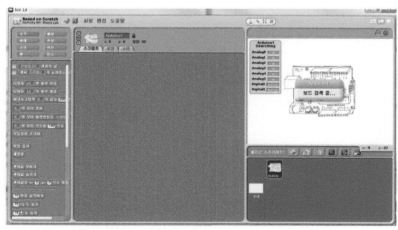

그림78 S4A 코딩 환경(스크래치와 유사합니다.)

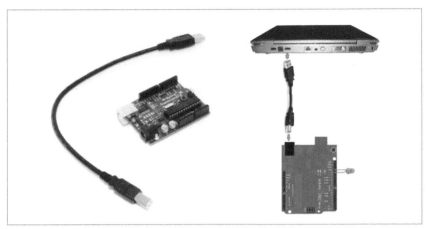

그림79 아두이노와 노트북 USB 연결 방법 (Wikipedia)

이때 아두이노에 설치하는 펌웨어는 스크래치 블럭 명령어를 아두이노가 이해할 수 있도록 하는 역할을 합니다.

아두이노에 펌웨어를 설치해야 우리가 코딩한 스크래치 프로그램을 아두이노에서 동작시킬 수 있습니다. 다음 그림은 아두이노 개발 환경 다운로드 페이지입니다.

그림80 아두이노 개발 환경 및 드라이버 설치를 위한 다운로드 링크 (www.arduino.cc/en/Main/Software)

2) 코딩

S4A를 이용한 코딩 예제 몇 개를 알아보겠습니다. 대부분 홈페이지에 있는 것으로 이해를 돕기 위해 간단히 몇 개만 설명하겠습니다. 이외에 많은 코딩 예제들이 S4A및 구글에 있으니 참고하시길 바랍니다.

다음은 LED 점멸하기의 예입니다. 다음과 같이 아두이노와 스위치(S), 저항(R)을 연결합니다.

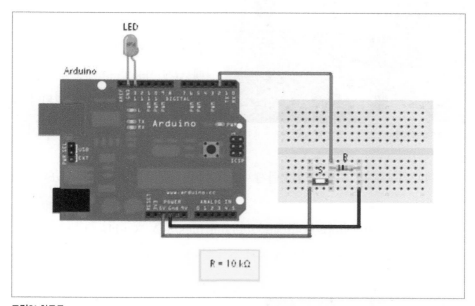

그림81 회로도

다음과 같이 컴퓨터의 S4A 프로그램에서 코딩을 하고 실행을 하면 스위치가 눌러질 때마다 아두이노의 디지털 13번 핀에 연결된 LED에 불이 켜질 것입니다. 이 명령어를 무한 반복합니다.

그림82 스크래치 코딩

그림83 S4A를 이용한 스크래치 코딩기반 모터 제어

이런 방식으로 모터도 손쉽게 제어할 수 있습니다.

S4A 스크래치를 다룰 때 어려움을 풀어 주는 많은 웹사이트가 있습니다. 그 중에 아래에 표시된 technocamps.com 커뮤니티는 친절한 도움말, 따라하기 예제들 그리고 흥미로운 작업들이 공유되어 있습니다. 공유된 내용은 작품을 만들 때 쉽게 사용할 수 있도록 코딩 소스, 전자 회로도 등이 설명되어 있습니다.

- S4A 워크숍 북: S4A를 알기 쉽게 어린이도 따라할 수 있도록 만든 e-Book입니다.
  http://technocamps.com/sites/default/files/S4A_Workbook.pdf
- S4A Blog: S4A 블로그로 S4A 최신 소식 및 메이크 사례가 설명되어 있습니다.

그림84 technocamps의 S4A 워크북

http://blog.s4a.cat/

- Move my robot blog: S4A로 로봇을 만드는 과정을 모두 공개하고 있는 사이트입니다.

http://movemyrobot.blogspot.kr/p/s4a-scratch-for-arduino.html

이 외에 엔트리(www.play-entry.org) 코딩 도구도 S4A를 누구나 쉽게 웹상에서 코딩할 수 있게 지원하고 있습니다.

5 아두이노 코딩하기

1) 머리말

앞서 아두이노 컴퓨터가 무엇인지 알아보았습니다. 스크래치를 통해서 아두이노 컴퓨터에게 동작을 명령할 수도 있지만 명령어가 많아질수록 블록들이 많아지고 복잡해져 이를 다루기가 점점 어려워지는 문제가 있습니다. 게다가 블록을 드래그&드롭 방식으로 조립하는 방식의 코딩 작업은 불편하고 느린 단점이 있습니다.

그래서 좀 더 전문적인 메이커들은 아두이노 컴퓨터가 이해하는 컴퓨터 언어로 명령어를 직접 빠르게 입력하는 방식을 좋아합니다.

다음 그림은 스크래치 명령어 블럭으로 코딩한 것과 아두이노 개발 환경에서 컴퓨터 언어로 명령어를 직접 입력한 예입니다. 코딩 형태만 다를 뿐, 명령 실행 순서나 조건을 코딩하는 개념은 똑같다는 것을 알 수 있을 것입니다.

오른쪽 방식에 익숙해지면 왼쪽 방식보다 훨씬 빠르게 알고리즘을 코딩할 수 있습니다.

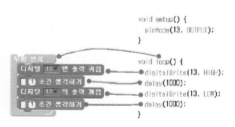

그림85
스크래치 블록과 컴퓨터 언어의 코딩 차이
(왼쪽은 스크래치 기반 S4A, 오른쪽은 아두이노)

다음은 코딩 방식에 따라 달라지는 개발 환경 프로그램입니다. 아무래도 오른쪽과 같이 명령어를 글씨를 써서 코딩하는 방식보다 왼쪽 방식이 더 쉬워 보입니다. 하지만 이런 쉬운 코딩을 지원하기 위한 개발 환경은 더 복잡하다는 것을 알 수 있습니다.

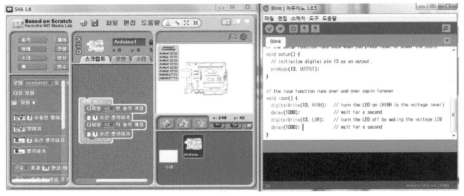

그림86 스크래치 블록과 컴퓨터 언어의 코딩 프로그램 차이 (왼쪽은 스크래치 기반 S4A, 오른쪽은 아두이노 개발 환경)

이 글에서는 아두이노 컴퓨터가 이해하는 명령을 직접 입력하는 방식으로 코딩을 해 볼 것입니다.

2) 통합 개발 환경

아두이노의 마이크로프로세서를 동작시키려면 코딩을 하고, 아두이노 컴퓨터에 코딩 된 코드를 전달할 소프트웨어가 필요합니다. 아두이노 통합 개발환경integrated development environment(통합개발환경) 소프트웨어를 통해 이런 일을 할 수 있습니다.

아두이노 통합개발환경의 설치는 www.arduino.cc 홈페이지의 다운로드에서 받아서 PC에 설치하면 됩니다. 설치와 동시에 구동에 필요한 드라이버 등은 자동 설치됩니다.

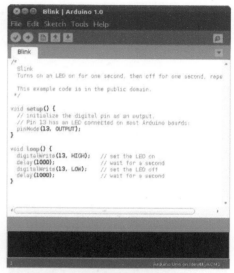

그림87 아두이노 통합개발환경에서 코딩된 코드

PC에서 개발한 프로그램을 아두이노 컴퓨터에 전달할 때는 시리얼 케이블serial cable을 사용합니다. 이를 시리얼 통신이라 합니다. PC에서는 여러 개의 시리얼 통신을 지원합니다. 그래서 윈도우 운영체제에서는 시리얼 통신하고 있는 장치들을 COM1, COM2, COM3와 같이 이름으로 구분해 표시하고 있습니다.

PC와 아두이노 보드 간의 프로그램 및 데이터 전송은 다음과 같이 USB Universal Serial Bus 포트를 연결해 처리합니다.

PC에 연결된 아두이노 우노 보드는 아두이노 통합개발환경의 [도구][시리얼 포트]에서 확인할 수 있습니다.

그림88 USB 시리얼 통신

아두이노 통합 개발 환경은 스크래치와 사뭇 다릅니다. 이 프로그램의 소스 코드 입력창, 메뉴, 도구바를 이용하면 코딩하고 코딩된 알고리즘을 실행해 볼 수 있습니다.

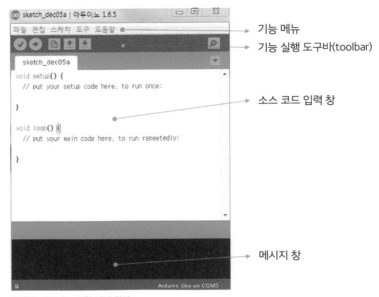

그림89 아두이노 통합 개발 환경

각 메뉴는 다음과 같은 기능을 가지고 있습니다.

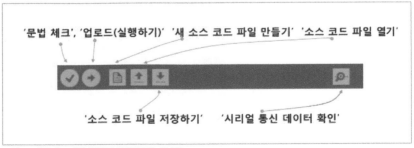

그림90 아두이노 개발 환경 도구바의 메뉴들 기능

각 기능에 대해서 간단히 알아보겠습니다.

1. 문법 체크 기능

문법 체크 기능은 아두이노의 컴퓨터 언어에 맞게 명령어를 제대로 입력했는지를 확인해 주는 기능입니다.

앞서 설명한 스크래치는 명령어 블록으로 코딩을 하지만 아두이노는 명령어를 직접 글로 입력합니다. 마치 작가가 대본을 글로 쓰듯이 말이죠.

작가가 글을 쓸 때는 글을 쓰는 형식이 자유로울 수 있지만 컴퓨터에 어떤 명령을 지시하기 위해 쓰는 글은 철저하게 컴퓨터가 이해할 수 있도록 글을 써야 합니다. 즉 컴퓨터가 이해하는 컴퓨터 언어의 문법에 맞지 않게 명령어를 입력하면 실행이 안 됩니다.

미국에 가서 한국어로 말하면 미국인들이 이해하지 못하는 것과 마찬가지입니다.

만약 문법을 무시하고 자기 마음대로 명령어를 입력하면 다음과 같은 오류error(에러) 메시지를 만나게 될 것입니다.

이 명령어가 저에게 무엇을 실행하라고, 이런 글을 입력하는 건지 잘 모르겠어요. 대략 난감 ㅎ~

그림91
컴퓨터가 이해하지 못하는 명령에 대한 오류 메시지

컴퓨터 언어를 이용해 코딩할 때 가장 조심해야 할 점은 문법에 맞지 않은 코딩을 하는 것입니다. 예를 들어, 함수에 전달되는 값들을 구분하는 콤마를 적절히 입력하지 않으면 오류 메시지가 출력됩니다.

2. 업로드(Upload) 기능

스크래치에서 명령어를 실행하는 것은 매우 간단했습니다. 그냥 명령 블럭을 코딩 창에 끌어 땅겨 놓고 해당 명령 블럭을 더블 클릭하거나 스크래치 실행 깃발을 클릭하면 전체 명령어들이 실행됩니다.

하지만 아두이노에서는 코딩을 다 한 다음 업로드 메뉴를 클릭해야 실행이 됩니다.

아두이노에서 실행 과정은 코드의 문법을 체크하고 코드를 빌드build 해 아두이노 컴퓨터가 이해하는 기계어를 만듭니다. 만들어진 기계어 코드를 아두이노에서 실행하는 과정들이 다음 그림과 같이 숨겨져 있습니다.

이런 복잡한 과정을 업로드 메뉴 하나로 만들었으니 그나마 쉽게 코딩하도록 신경 쓴 것이지요.

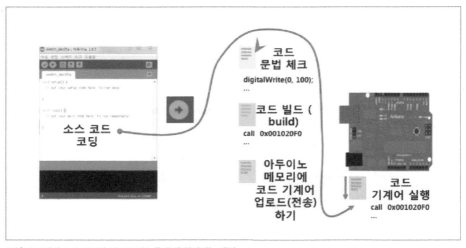

그림92 코딩된 소스 코드가 업로드 메뉴를 통해 처리되는 과정

3) 컴퓨터 언어를 이용한 코딩

아두이노 통합개발환경을 설치하면 손쉽게 따라할 수 있는 수많은 예제 코드가

있는 소스 파일source file이 함께 설치됩니다. 이제 아두이노를 실행하고 [파일][예제]에 있는 예제 파일들을 확인해 보겠습니다. [파일][예제]메뉴 중에 Blink 예제를 실행해 보겠습니다. Blink 예제를 선택하면 통합개발환경에 다음과 같은 코딩된 소스 코드가 불러질 것입니다. Blink예제 코드는 LED를 1초마다 깜빡거리게 합니다.

```
int led = 13;              // led 변수에 값 13을 넣습니다.
void setup() {             // 아두이노가 켜지고, 최초 한번 만 실행되는 설정 함수 입니다.
pinMode(led, OUTPUT);      // 13번 포트를 출력포트로 합니다.
}
void loop() {              // 아두이노가 켜진 후, 반복적으로 실행되는 loop 함수입니다.
digitalWrite(led, HIGH);   // LED를 켭니다.
delay(1000);               // 잠시 1초동안 기다립니다.
digitalWrite(led, LOW);    // LED를 끕니다
delay(1000);               // 잠시 1초동안 기다립니다.
}
```

다음 그림은 Blink 예제에 대한 회로도입니다.

아두이노에서 코딩 구조는 setup()과 loop() 함수로 구성됩니다.

아두이노에서 기본적으로 정의되는 setup(), loop() 함수는 아두이노 보드에 의

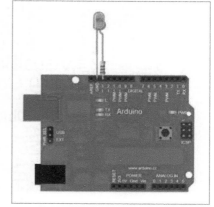

그림93 LED 예제 회로도

해서 무조건 실행되는 특별한 함수입니다.

setup() 함수는 아두이노에 의해 프로그램 시작 시 한번만 자동으로 실행됩니다. 이 함수는 초기 프로그램 설정과 관련된 루틴을 실행하는 데 사용하려는 목적으로 제공됩니다.

loop() 함수는 아두이노에 의해 전원이 꺼지지 않은 한 무한 자동 실행되는 함수입니다. 이 안에 원하는 수행 로직을 코딩하면 됩니다.

앞의 코딩 소스는 C 컴퓨터 언어와 유사한 컴퓨터 언어를 사용합니다. C 언어는 센서값 취득, 하드웨어 제어 및 고속 계산에 강점이 있는 컴퓨터 언어입니다.

참고로 컴퓨터 언어 종류는 매우 다양합니다. C언어 뿐 아니라 Java, C++, Python, Basic 등이 있으며 모두 장단점이 있습니다. 다만 컴퓨터 언어를 구성하는 개념은 모두 동일합니다.

앞의 코딩 소스를 이해하기 위해서는 컴퓨터 언어의 개념을 간단히 알고 있는 것이 좋습니다. 컴퓨터 언어는 몇몇 중요한 개념이 있습니다.

그림94 매우 다양한 컴퓨터 언어 종류

1. 함수 – 구현 명령어들을 하나의 함수 이름으로 묶어 놓음

컴퓨터 언어를 이용한 코딩 방식에서 핵심 개념 중 하나가 함수function 입니다. 함수의 개념은 수학에서 시작된 것입니다.

함수는 프로그램 상에서 특정 기능(예 – 데이터 읽기, 데이터 쓰기, 계산하기, 출력하기 등)을 수행하는 소스 코드에 대표 이름을 주고 묶어 놓은 것입니다. 함수는 함수를 구분하는 이름, 함수가 동작할 때 필요한 변수들과 함수의 기능 자체를 수행하는 소스 코드로 구성됩니다.

그림95 함수의 예

앞의 함수 역할은 입력변수 값을 10으로 나눈 값을 출력합니다. 이 함수는 x란 이름의 입력변수, y란 이름의 출력변수, F(x)란 함수 이름, x / 10이란 함수 구현부로 구성되어 있습니다.

이런 함수 개념은 수학시간에 많이 보던 것이죠.

컴퓨터 언어도 함수를 정의할 때 이와 같은 개념이 똑같이 적용됩니다.

함수는 컴퓨터 언어의 가장 중요한 부분을 차지하고 있습니다. 컴퓨터 언어의 명령어뿐 아니라 조건문과 같은 제어문까지도 함수로 정의될 수 있습니다.

함수를 사용하면 복잡한 구현 명령어들을 하나의 이름으로 묶어 사용할 수 있습니다. 함수 이름만 코딩하면 함수의 구현 내용이 실행되기 때문에 편리하고 함수의 입력 변수 값을 달리함으로써 다양하게 함수를 실행할 수 있습니다. 또한, 함수를

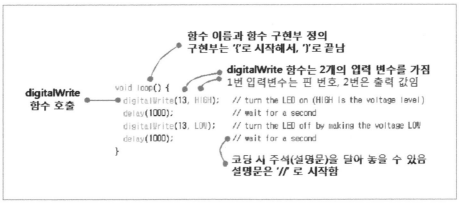

그림96 아두이노에서 사용하는 컴퓨터 언어의 함수 예

구현한 알고리즘을 재사용하기 편합니다.

2. 제어문 − 명령어 처리 순서 제어

또 하나의 중요한 컴퓨터 언어의 개념은 실행 순서입니다. 프로그램에 기술된 소스 코드는 각 함수에서 위에서 아래로 실행됩니다.

다만, 각 명령어 문장을 조건에 따라 구분해 실행하거나 실행하고 싶지 않을 때는 if 조건문 등 제어문control statement을 사용하면 됩니다.

다음 그림에서 setup() 함수 내 명령문은 순서대로 실행되나 loop() 함수 내 명령문은 digitalRead() 함수 호출 시 12번 아두이노 보드 핀에서 얻은 값에 따라 digitalWrite(13, LOW) 혹은 digitalWrite(13, HIGH) 함수 호출 명령문 둘 중 하나만 실행됩니다.

만약 회로에서 12번 핀에 스위치를 연결하고, 13번 핀에 LED를 연결해 놓는다면 스위치가 켜져서 12번 핀에 1 값이 입력되면 13번 핀에 연결된 LED가 켜질 것입니다.

```
void setup() {
  pinMode(12, INPUT);
  pinMode(13, OUTPUT);
}

void loop() {
  int value = digitalRead(12, INPUT);
  if(value == 0)
  {
    digitalWrite(13, LOW);
  }
  else
  {
    digitalWrite(13, HIGH);
  }
}
```

그림97
명령문장 실행 순서 및 조건에 따른 제어

이런 방식으로 복잡한 조건들에 따라서 자동 실행되는 알고리즘을 코딩할 수 있습니다.

3. 변수 – 값이 담긴 메모리에 붙은 이름

변수는 다양한 값을 담아 둘 수 있는 메모리에 이름을 붙여놓은 것입니다. 이는 우리가 많이 사용하는 캐비넷과 매우 유사합니다.

사용하는 물건을 보관할 때 보관된 캐비넷의 이름을 모르면 나중에 그 물건을 꺼내 올 수 없을지도 모릅니다. 그 이름표에 해당하는 것이 변수명, 물건에 해당하는 것이 데이터(값)입니다.

캐비넷은 메모리와 유사하며 캐비넷 한 개의 크기는 변수 유형과 같은 개념입니다.

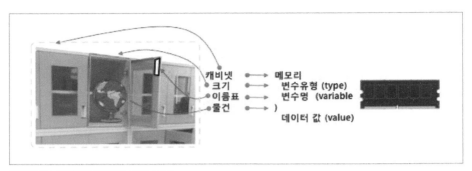

그림98 변수의 개념은 캐비넷의 개념과 비슷

    다음 그림은 컴퓨터 언어에서 사용된 변수를 캐비넷 개념으로 설명한 것입니다. 여기서 'value'는 변수명이고, 이 변수명은 함수내 '{와}' 글자 사이에서 정의된 유일한 이름이어야 합니다. '{ }'글자는 코드 블록 범위Block Scope를 정의하는 브라켓 Bracket 표시이며, 이 브라켓 내 정의한 변수명은 유일해야 합니다. 이는 캐비넷에 유일한 이름표를 붙이는 것과 같은 이유입니다.

    'int'는 미리 컴퓨터 언어에서 결정되어 있는 변수 유형입니다. 변수 유형은 캐비넷의 크기와 같은 개념으로 변수값이 저장될 메모리 방의 크기를 컴퓨터에 알려주

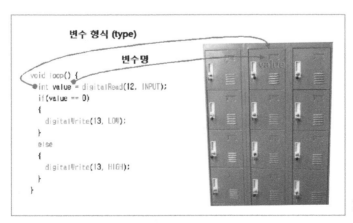

그림99
컴퓨터 언어에서 사용된 변수

는 역할을 합니다. 변수를 사용하기 전에 변수값이 들어갈 방의 크기를 정의하지 않으면 메모리 공간의 낭비가 매우 심할 것입니다.

컴퓨터 언어에서 변수 유형은 크게 다음과 같습니다.

컴퓨터 언어에서 변수 유형과 설명

변수 유형	사용 기호 (symbol)	설명
정수형	int	정수값을 저장할 수 있는 변수 유형 예) int value = 1
실수형	float	실수값을 저장할 수 있는 변수 유형 예) float value = 3.14159
문자형	String	문자열을 저장할 수 있는 변수 유형 예 String value = "abc"

6 프로세싱 코딩하기

1) 머리말

프로세싱은 이미지 애니메이션 그리고 그의 상호작용을 처리하기 위해 만들어진 소프트웨어입니다. 프로세싱은 대화형 그래픽 작성을 통해 코딩을 배울 수 있는 방법을 제공합니다.

프로세싱에서 그래픽을 만들어내는 과정을 스케치라고 합니다. 마치 화가가 캔버스에 연필로 스케치를 하여 그림을 만들어 내는 과정처럼 프로세싱을 잘 이용하면 아름답고 역동적인 그림이나 영상을 만들어 낼 수 있습니다.

프로세싱은 특히 미디어아트나 알고리즘 기반 그래픽 형상 생성 연구 등에 많이 활용되고 있으며 심지어 액츄에이터나 컴퓨터 비전 등 그 활용 범위가 매우 넓습니다.

실습하기 전에 다음 그림과 같이 https://processing.org/download/ 에서 프로세싱을 다운로드 받아 설치합니다.

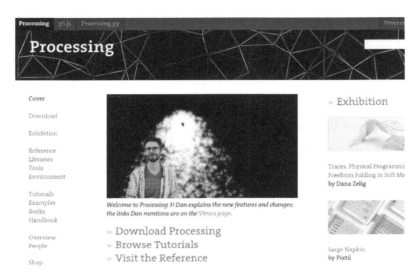

그림100 프로세싱 홈페이지 (www.processing.org)

그림101 프로세싱 다운로드 페이지

    설치된 프로그램을 실행하면 다음과 같이 코딩을 할 수 있는 프로세싱 통합 개발 환경이 나타납니다. 아두이노 통합 개발 환경과 비슷하게 생겼습니다.

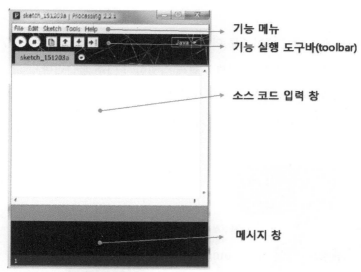

그림102 프로세싱 통합 개발 환경

주로 많이 사용하는 기능이 기능 시행 도구바에 차례대로 표시되어 있습니다. 순서대로 '실행', '실행 멈춤', '새 소스 코드 파일 만들기', '소스 코드 파일 열기', '소스 코드 파일 저장하기', '어플리케이션 생성하기' 입니다.

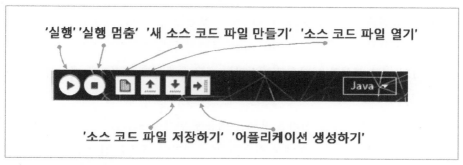

그림103 도구바 메뉴 기능 설명

2) 코딩 예제

프로세싱은 아두이노에서 센서 데이터를 얻어 그림을 그려주는 예제들이 많이 있습니다. 사실, 프로세싱과 아두이노는 친척뻘로 함께 작업하기 매우 좋습니다.

프로세싱과 아두이노 보드는 앞서 언급했던 시리얼 통신serial communication이란 방법으로 정보를 서로 주고받을 수 있도록 되어 있습니다.

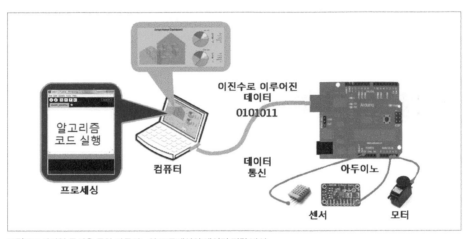

그림104 시리얼 통신을 통한 아두이노와 프로세싱의 데이터 전달 방식

시리얼 통신은 통신선을 이용해 이진수로 표현된 데이터를 주고받을 수 있습니다. 이때 데이터는 숫자, 문자, 소리, 사진, 동영상 등을 말합니다. 컴퓨터는 데이터를 0과 1의 열로 표현한 이진수로 저장하기 때문에 통신도 이진수로 데이터를 주고받습니다.

프로세싱과 아두이노를 시리얼 포트를 이용해 연결해 보겠습니다. 이를 위해 먼저 아두이노에서 0번 입력 핀에서 신호를 읽어 시리얼 포트로 전송해 주는 간단한 코드를 다음과 같이 설치해야 합니다. 아래와 같이 코딩한 후 아두이노 보드에 전송해 보겠습니다.

```
int sensorPin = 0;           // 시리얼 통신으로 입력핀 0번의 값을 전달하기로 함
int val = 0;
void setup() {
  Serial.begin(9600);        // 시리얼 포트 열기
}


void loop() {
  val = analogRead(sensorPin); // 0번 핀에서 값을 읽는다
  Serial.print(val);           // 시리얼 포트로 값을 출력한다
  delay(100);                  // 100 밀리세컨드 (0.1초)를 대기한다
}
```

이제 다음과 같이 아두이노 보드의 0번 핀에 광센서를 연결합니다.

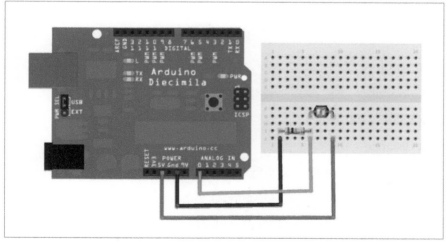

그림105 광센서, 저항 10k옴과 연결된 아두이노 보드 (Adafruit)

그리고 다음과 같이 시그널을 입력받아 데이터를 그래픽으로 그려보는 예제를 만들어 봅시다. 아래의 코드를 프로세싱에 입력해 보겠습니다.

```
import processing.serial.*;  // 시리얼 통신을 사용하기 위한 라이브러리 얻기
Serial port;                 // 시리얼 통신 객체 변수 선언

void setup() {
    size(440, 440);          // 그림 그려줄 캔버스 크기 설정
    frameRate(30);           // 그림 그려주는 간격은 초당 30번임
    strokeWeight(2);         // 선의 굵기를 설정
    smooth();
    String arduinoPort = Serial.list()[0]; // 시리얼 포트 이름을 얻어옴
    port = new Serial(this, arduinoPort, 9600);
        // 초당 9600 비트로 시리얼 통신하기로 설정하고, 시리얼 통신 객체 생성
}

void draw() {
    background(255, 255, 255); // 배경색은 흰색으로 그려준다
    float value = 0.0;
    float distance = 0.0;
    if ( port.available() > 0) {    // 만약 전송받은 시리얼 통신 데이터가 있다면
        value = port.read();        // 이 데이터를 읽어 val 변수에 넣음
        distance = map(value, 0, 1024, 0, width);
            // value 값 범위 (0 ~1024) 를 0에서 캔버스 폭으로 맞춰준다
```

```
}
fill(255, 128, 0);  // 도형 내부 색상을 적색=255, 녹색=128, 청색=0으로 섞어서
칠하도록 설정한다
rect(10, height / 2, distance, 50);     // 사각형 도형을 length 만큼 그려준다
}
```

입력한 프로세싱 코드를 실행을 하면, 광센서 값에 따라 변화하는 다음과 같은 그
래픽을 볼 수 있을 것입니다.

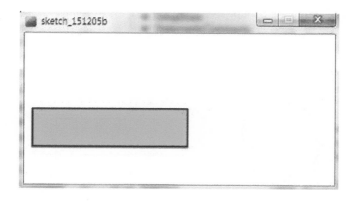

매우 간단한 코드지만 아두이노에 연결된 센서로 부터 데이터 값을 받고 시리얼
통신을 통해 프로세싱에서 개발된 알고리즘으로 그래픽을 출력해 주고 있습니다.
이런 개념을 응용하면 센서값에 반응하는 매우 재미있고 화려한 컴퓨터 그래픽을
만들 수 있습니다.

프로세싱 관련 웹사이트에는 이러한 예제들이 많이 있고, 이를 활용해 본인이 만
들고 싶은 것들을 쉽게 코딩할 수 있습니다.

다음 그림은 71개의 관련 무료 강좌를 유튜브 동영상 따라하기로 제공하고 있는

Curious.com의 open source Hardware Group 사이트입니다.

참고로 Curious.com은 호기심을 갖고 과학기술을 탐구하려는 학생, 교사, 어른을 위한 교육사이트로 많은 수의 교육 컨텐츠를 무료로 제공하고 있습니다.

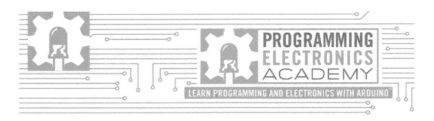

Open Source Hardware Group

홈   동영상   재생목록   채널   토론   정보

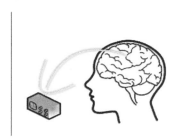

Prelude to the Arduino Course for Absolute Beginners
조회수 27,230회 1년 전
Are you searching YouTube for Arduino Tutorials?

Do you want to understand Arduino Code but are just getting started?

Do you feel like a drunk monkey when it comes to arrays, for loop and syntax?

Subscribe to the channel and let us...

더보기

Section 0: Familiarization: Arduino Course for Absolute Beginners (Re-mastered)

Prelude to the Arduino Course for Absolute Beginners
게시자: Open Source Hardware Group
조회수 27,230회 · 1년 전

Tutorial 01: Hardware Overview: Arduino Course for Absolute...
게시자: Open Source Hardware Group
조회수 127,159회 · 2년 전

Tutorial 02: Download and install the Arduino IDE: Arduino Cours...
게시자: Open Source Hardware Group
조회수 58,671회 · 2년 전

그림106 오픈 소스 하드웨어 그룹의 아두이노 프로세싱 튜토리얼 (Open Source Hardware Group, https://curious.com/opensourcehardwaregroup 및 유튜브 사이트

부록

작품 메이크 과정 및 소스 코드
공유 커뮤니티 사이트

우리가 상상할 수 있는 작품들의 대부분은 구글이나 유튜브와 같은 인터넷에 찾아보면 비슷한 것들이 매우 많습니다. 그리고 만드는 방법과 소스 코드도 유튜브와 같은 많은 인터넷 사이트에서 모두 오픈하고 있어 따라하기가 그리 어렵지 않습니다.

다음은 재미있는 작품을 메이크한 과정들을 공유한 커뮤니티community(동호회) 사이트들입니다.

이들 사이트에 소개된 프로젝트 중에서는 스타트업start up 제품으로 크게 성공해 메이커가 부자가 된 경우도 많습니다. 국내에 소개된 유명한 메이크 프로젝트에서도 많은 참고를 하고 있을 만큼 인지도가 있으니 메이크할 때 큰 도움이 될 것 입니다.

1. 아두이노 공식 사이트: www.arduino.cc

아두이노 통합 개발환경을 다운로드 받을 수 있으며 수많은 예제 소스 코드와 회로도를 구할 수 있습니다.

2. ODIY 아두이노 강좌 (한국과학창의재단): 유튜브

아두이노 기초부터 다양한 센서를 이용한 전자회로 구성 방법을 코딩과 함께 알려주는 사이트입니다. 유튜브에서 "ODIY 아두이노 강좌"로 검색하면 관련 강좌를

보고 따라할 수 있습니다. 참고로, 한 국과학창의재단의 ODIYOpensource DIY 강좌는 아두이노 이외에 라즈베리파이 등 다양한 도구의 사용 방법을 동영상 으로 설명하고 있습니다.

3. 코딩 교육을 위한 CODE.ORG 사이트: code.org

초등학생들이 쉽게 코딩이 무엇인지 알 수 있도록 쉽고 다양한 코딩 도구들 과 따라하기 튜토리얼 자료들을 제공해 주는 사이트입니다. 코딩과 알고리즘에 대한 개념을 잡기가 매우 좋습니다.

4. 스크래치 공식 사이트: scratch.mit.edu

책에서도 설명한 스크래치 코딩 도구의 공식 사이트입니다. 최근에는 스크래치 기반으로 코딩할 수 있는 S4A와 같은 코딩 도구들이 많아져, 아두이노, 로봇 등 다 양한 분야에서 손쉬운 코딩이 가능해 지고 있습니다.

5. 프로세싱 공식 사이트: processing.org

컴퓨터로 그래픽을 그릴 때 많이 사용하는 프로세싱의 공식 사이트입니다. 개발 환경을 다운로드 받을 수 있으며, 역시 수많은 예제 소스 코드와 프로젝트 작업 과정들을 얻을 수 있습니다.

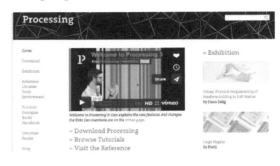

6. 3D 프린팅 모형 공유사이트 싱기버스: www.thingiverse.com

3D프린팅 가능한 3차원 모형을 무료로 다운로드 받을 수 있습니다. 파일 형태는 3D프린터 표준 파일인 STL이나 3차원 형상 파일인 OBJ등을 지원합니

다. 아울러, 다양한 3D프린터 기반 작품 제작 방법 등을 공유하고 있어 많은 사람들이 애용하고 있는 곳입니다.

7. 3D 부품모형 공유사이트 그랩캐드: grabcad.com

그랩캐드는 캐드로 모델링된 3차원 모형 디자인을 쉽게 다운로드할 수 있는 곳입니다. 3D프린터에서 사용하는 것 뿐 만 아니라 로봇에 사용되는 기계 부품 모형 등을 손쉽게 검색해 다운로드할 수 있습니다.

이외에 www.yeggi.com 등에서도 다양한 3차원 모델을 얻을 수 있습니다.

8. 레이저커팅 모델 무료 다운로드 사이트 카툰어스: cartonus.com

레이저커팅 용 2D 모델을 다운로드 받을 수 있는 사이트입니다. 다운로드 2D 모델은 캐드 DXF파일이나 일러스터 AI 파일을 지원합니다.

9. 라즈베리파이 공식 사이트: www.raspberrypi.org

아두이노와 함께 소형 DIY 컴퓨터로 유명한 라즈베리파이 공식 사이트입니다. 최근 출시한 라즈베리파이 제로zero는 명함 절반 정도 크기에 가격이 5달러이면서도, 쿼드 코어quad core(cpu 코어가 4개)를 지원해 높은 성능이나 계산속도가 필요한 작품을 만드는 데 편리하게 사용할 수 있습니다. 다만, 리눅스란 운영체계 위에서

파이썬python 컴퓨터 언어 등으
로 코딩을 해야 하는 경우가 많
아 주로 전문가들이 많이 사용
합니다.

10. 에이다프루츠: www.adafruit.com

아두이노, 라즈베리파이, 전
자 부품 등 전자 공작에 필요한
모든 것들을 판매하면서도 판매
한 전자 부품을 사용하는 방법
을 별도의 따라하기 튜토리얼
tutorial로 관련 내용을 매우 상세
하게 제공해 주는 곳입니다. 매
우 쉽게 따라할 수 있도록 회로
연결도 뿐만 아니라 동영상 등

도 제공하고 있습니다. 국내 수많은 프로젝트에서 작업 시 참고하고 있는 유명한 사
이트 중 하나입니다.

11. Instructables – DIY How To Make Instructions: www.instructables.com

에이다프루츠와 같이 작품 제작 방법들을 매우 상세하게 공유하고 있는 DIY사이
트입니다.

12. 메이크진: makezine.com

이 책에서 여러 번 소개한 메이크진 사이트입니다. DIY 식물 재배부터 3차원 프린터, 로봇, 드론, 인공위성, 로켓 개발까지 매우 다양한 프로젝트들의 사례와 만드는 방법들을 공유하고 있습니다.

13. 아트로봇: artrobot.co.kr

해외 아두이노 개발 프로젝트 등을 한글로 번역해 소개한 내용들이 많이 공유되어 있는 사이트입니다.

14. 산딸기 마을: www.rasplay.org

라즈베리파이 기반의 프로젝트 작품과 작업 방법들을 국내에서 많이 공유하고 있는 사이트입니다.

15. 오로카: cafe.naver.com/openrt

로봇 만드는 방법들을 상세히 공개하고 공유하는 동호회 사이트입니다.

이 책에 소개된 작품 메이크 프로젝트와 관련된 상세한 작업 법이나 소스 코드는 다음 사이트를 참고하시길 바랍니다.

- http://daddynkidsmakers.blogspot.kr/

그림1 대디 메이커스 홈페이지

본인이 어떤 작품을 만들고 싶은데 방법을 잘 모르겠다면 google이나 youtube 부터 검색해 보는 습관을 가지는 것이 좋습니다. 국내에서 소개된 대부분의 메이크 프로젝트는 해외에서 이미 했거나 비슷한 아이디어를 가진 작품이 나와 있는 것들이 많습니다.

디지털 인터넷 시대에서는 열정과 창의력만 있다면 본인이 만들고 싶은 것들은 얼마든 인터넷에서 검색해 소스를 조합해서 만들고, 판매해서, 전 세계에 유명해질 수 있는 시대임을 알아야 할 것입니다.

부품, 재료 및
도구 구입처

다음은 메이크를 할 때 부품, 재료 및 도구 구입처입니다. 참고로 네이버 등 쇼핑 검색 사이트 (http://pc.shopping2.naver.com) 등으로 검색하면 훨씬 편리하게 가격을 비교할 수 있습니다.

참고로 최근에는 무한상상실이나 패브랩 같은 곳에서 공작 재료나 부품 등을 대신 구매해 주고 약간의 수수료만 받는 경우가 많아지고 있습니다.

1. 전자 보드 및 부품 판매처

아두이노, 라즈베리파이, 전자부품 등을 저렴하게 판매하는 곳입니다.

1) 디바이스마트: www.devicemart.co.kr

2) 샘플전자: www.robot.co.kr

3) 엘레파츠: www.eleparts.co.kr

4) 플러그 하우스: www.plughouse.co.kr

5) MAKEPCB: www.makepcb.co.kr

2. 공구 판매처

국내에서 목공 등 공작할 때 필요한 공구를 파는 곳입니다.

1) 인터파크: www.interpark.com

2) 공구몰: www.toolmt.co.kr

3. 각종 공작 부품 판매처

1) 고려바퀴종합상사: www.krcaster.co.kr

다양한 바퀴 등을 판매하는 곳입니다.

2) 쉬멕스: www.eshopshemeks.com

나사/볼트/너트 등을 판매하는 곳입니다.

4. 목재 판매처

작품 공작에 주로 잘 사용하는 MDF 및 각종 목재를 재단하고 파는 곳입니다. 주문 시 치수를 입력하면 치수대로 목재를 잘라서 배송해 줍니다.

1) 우드킹: www.woodking.kr

2) THE DIY∷목재재단: www.thediy.co.kr

3) 대성목재: www.daeseongwood.com

5. 알루미늄 프로파일 판매처

알루미늄 프로파일은 목재보다 훨씬 강해서 무거운 작품을 지지하는 지지대나, 3차원 프린터의 각 축을 만들 때 많이 사용됩니다. 또한 로봇 암 같이 큰 힘을 받는 곳의 프레임으로도 많이 사용됩니다.

1) 신화프로파일: www.shprofile.co.kr

2) 대영금속: www.dymetal.com:9472

6. 해외 직구 구매

국내에서 원하는 부품이나 공구가 없거나 비싼 경우, 해외에서 직구(직접 구매)하는 경우가 훨씬 좋습니다. 대부분 필요한 것들을 싸게 구입할 수 있습니다. 배송비는 배송 물건 무게, 부피와 배송업체에 따라 달라지며 선택할 수 있도록 되어 있습니다. 매우 크지 않은 물건이라면 1~2주일 내 배송을 받는 정도는 1~3만원 사이로 크게 비싸지 않습니다.

1) 알리익스프레스: www.aliexpress.com

해외에서 대부분의 전자부품, 공구 등을 직구로 싸게 구입할 수 있는 곳입니다.

2) 하비킹: www.hobbyking.com

무선 조정하는 드론, 비행기, 로봇, 자동차, 탱크 등을 만들 때 필요한, 전자부품, 배터리, 프레임(frame), 바퀴 등을 싸게 구입할 수 있는 곳입니다. 해외에서 직구로 구입합니다.

3) 아마존: www.amazon.com

해외에서 직구할 수 있는 곳으로 거의 모든 것들을 구입할 수 있습니다. 메이커에 필요한 책, 부품, 공구 등을 저렴하게 구입할 수 있습니다.

4) 아두콥터: copter.ardupilot.com

해외에서 DIY 가능한 드론을 직구할 수 있는 곳입니다.

추가로 구매하고 싶은 공구, 장비 및 부품 등이 너무 비싼 경우, 네이버의 중고나라 (http://cafe.naver.com/joonggonara) 등에서 물품을 검색해 매우 싸게 구매할 수 있습니다.

11

작품 메이크 시 사용된
주요 소스 코드 및 회로 구성도 설명

1 머리말

사실 작품 메이크 시 필요한 센서, 모터 및 컴퓨터 그래픽 출력에 필요한 소스 코드들은 대부분 관련 인터넷 사이트에 오픈소스로 공유되어 있습니다. 본 부록은 이 오픈소스들의 극히 일부분만 보여드리는 것입니다. 이런 소스들을 잘 사용해 조합하면 원하는 재미있는 작품들을 만들 수 있다는 것을 알려주고 싶습니다. 참조한 인터넷 사이트는 다음과 같습니다.

- www.arduino.cc/en/Tutorial/HomePage
- learn.adafruit.com

2 조도 센서(광센서)값 얻는 소스 코드

다음은 조도 센서 사용하기 위한 회로 연결도입니다.

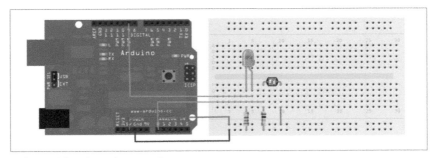

그림2 광센서 측정 회로 구성(arduino.cc)

소스 코드는 다음과 같습니다.

```
const int sensorPin = A0;               // 조도 센서가 연결된 아두이노 핀 번호
const int ledPin = 9;                   // LED와 연결된 핀 번호
int sensorValue = 0;                    // 조도센서 값을 저장하는 변수
int sensorMin = 1023;                   // 센서 최대값
int sensorMax = 0;                      // 센서 최소값
void setup() {
  while (millis() < 5000) {             // 5초(5000밀리세컨드) 동안
    sensorValue = analogRead(sensorPin); // 조도센서 값 읽고

    if (sensorValue > sensorMax) {       // 조도센서의 최대값을 얻음
      sensorMax = sensorValue;
    }
    if (sensorValue < sensorMin) {       // 조도센서의 최대값을 얻음
      sensorMin = sensorValue;
    }
  }
}
void loop() {
  sensorValue = analogRead(sensorPin); // 센서값을 읽고, sensorValue변수에 넣기
    // 센서값을 0에서 255값 사이로 변환함.
  sensorValue = map(sensorValue, sensorMin, sensorMax, 0, 255);
    // 변환된 값이 0에서 255사이가 되도록 처리함.
  sensorValue = constrain(sensorValue, 0, 255);
```

```
// LED 핀으로 변환된 조도센서값을 출력함. 이 결과로 LED 밝기가 조절됨
analogWrite(ledPin, sensorValue);
}
```

앞의 소스 코드를 보면 알겠지만 소스 코드의 조도센서값으로 컴퓨터 그래픽을 그려야 하거나 그 값을 저장해야 하거나 등을 할 때, sensorValue변수값만 잘 활용하면 된다는 것을 알 수 있습니다.

3 서보 모터 제어 소스 코드

서보 모터는 정확한 각도로 모터 축을 회전하는 모터입니다. 보통은 0도에서 180도 사이를 회전합니다.

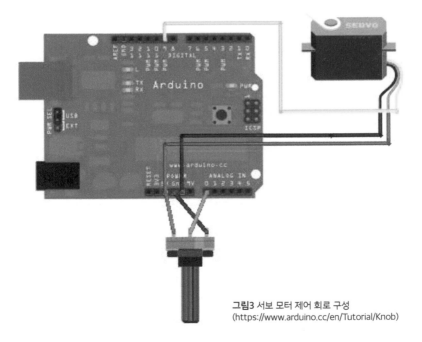

그림3 서보 모터 제어 회로 구성
(https://www.arduino.cc/en/Tutorial/Knob)

다음은 서보 모터 제어를 위한 회로도입니다. 서보 모터, 가변 저항 다이얼knob(노브)이 사용되었습니다.

소스코드는 다음과 같습니다.

```
#include <Servo.h>
Servo myservo;              // 서보 모터 제어를 위한 서보 객체 생성
int potpin = 0;             // 가변 저항과 연결된 아두이노 아날로그 핀 번호
int val;                    // 아날로그 핀으로 부터 얻는 값을 저장하는 변수
void setup() {
  myservo.attach(9);        // 서보 모터 신호선과 연결된 아두이노의 9번 핀
}
void loop() {
  val = analogRead(potpin);     // 가변 저항 값 읽기. 읽은 값은 0에서 1023사이 값임
  val = map(val, 0, 1023, 0, 180); // 가변 저항 값을 0에서 180사이 값으로 줄임
  myservo.write(val);           // 줄인 값을 서보 모터 각도값으로 설정함
  delay(15);                    // 서보 모터가 설정된 각도값으로 회전할 때까지 기다림
}
```

이 소스를 아두이노 개발환경IDE, Integrated Development Environment에 붙여 넣고 업로드 하면 가변 저항의 다이얼 위치에 따라 서보 모터가 회전하는 것을 확인할 수 있습니다. 이런 방식으로 다양한 모터들의 각도, 속도, 방향 등을 제어할 수 있고, 조합하면 로봇, RC 자동차, 3D 프린터 등 재미있는 것을 메이크 할 수 있습니다. 관련 소스 코드들은 앞에 언급된 인터넷 사이트에서 얻을 수 있습니다.

이 책의 내용들을 좀 더 깊이 살펴보고 싶다면 아래 사이트나 책을 참고하길 바랍니다.

1. 아두이노 홈페이지, www.arduino.cc

2. 프로세싱 홈페이지, www.processing.org

3. 그래스호퍼 홈페이지, www.grasshopper3d.com

4. Firefly 홈페이지, www.fireflyexperiments.com

5. 마시모 밴지, 2012.7, 손에 잡히는 아두이노, 인사이트

6. 채진욱, 2011.3, 아두이노 for 인터랙티브 뮤직, 인사이트

7. 케이시 리아스, 벤 프라이, 2011.3, 손에 잡히는 프로세싱, 인사이트

8. 도날드 노리스, 2015, 프로젝트로 배우는 라즈베리 파이, 한빛미디어

9. 강태욱, 김호중, 2014, BIM기반 협업디자인, Spacetime

10. 대디메이커, http://daddynkidsmakers.blogspot.kr/, 대디 앤 키즈 메이커

11. Interactive Prototyping - An introduction to physical computing using arduino, grasshopper, and firefly

12. René Westhof, VVVV, vvvv.org/documentation/video-tutorials

13. Max Rheiner, 키넥트 Open NI, https://code.google.com/archive/p/simple-openni/

16. Bryan Chung, Magic & Love Interactive, www.magicandlove.com/blog/research/kinect-for-processing-library/

17. Media Architecture Institute, 2008, FLARE−Kinetic Membrane Façade, http://www.mediaarchitecture.org/flare−kinetic−membrane−facade/

18. David Letellier, LAb(au), 2010, Tessel(Kinetic Sound Installation), http://www.davidletellier.net/#TESSEL

19. Servo control, Arduino, http://wiki.vctec.co.kr/opensource/arduino/servocontrol

20. VPT 7 manual, https://hcgilje.wordpress.com/vpt/

21. Eric Limer, 2015.1, Microsoft's Audacious Plan to Make Anywhere a Holodeck

(최신) 강남, 대치, 목동 학부모의
우리 아이 스펙 업(up) 프로젝트

메이커 운동은 최근 해외에서 사회문화적 현상으로 그 영향력이 커지고 있다. 이와 관련해 국내에서도 교육계, 산업계의 큰 이슈로써 공중파나 케이블 방송에서 과학관련 대담, 리포트, 기사, 프로그램으로 다루기 시작하고 있다. 최근 정부에서도 많은 관심을 가지고 있어 학생들의 꿈과 끼를 살리는 교육, 스마트교육, 코딩 교육과 함께 부각되고 있다.

저자들은 우리나라 메이커 운동의 1세대로서 메이커 가족이 쓴 메이커 운동 관련 서적으로서는 첫 번째 출판물이다. 이 책에는 가족이 메이커 운동에 동참하면서 겪은 경험담을 진솔하게 이야기하고 있으며, 이에 그치지 않고 메이크 과정, 작품 전시, 아두이노/스크래치 등을 이용한 코딩, 3D프린팅, 레이저 커팅과 같은 도구들을 다루는 방법을 친절하게 설명하고 있다.

이 책은 처음 메이커 운동을 접하는 분들에게 매우 유용한 길잡이가 될 것이다.

전영호 교장 (전 과학영재학교 경기과학고 교장, 현 한민고등학교 교장, 한국영재교육학회 이사)

2014년 어느 날부터인지 (과천과학관)무한상상실에 한 부녀가 꾸준히 찾아온 적이 있다. 무언가를 만들려는 듯, 사뭇 진지한 표정으로 작업에 임하는 모습이 메이커

문화가 뿌리내리지 않는 우리나라에서는 꽤 생소하면서도 멋진 모습으로 기억된다.

이 책은 그 부녀가 공동 작업한 경험을 살려 함께 제작하였다고 한다. 그래서인지 책에는 불필요한 군더더기 지식이 없고 무언가를 만드는데 필요한 알찬 정보들로 가득하다. 실전(?)을 바탕으로 작성된 이 책을 통해 많은 어린이 메이커들이 탄생하리라 기대한다.

유만선 (과천과학관 연구사)

언젠가부터 시키는 것만 하는 것이 일반적인 사회가 되었다. 그래서 인간이 로봇화 되었다. 자유로운 생각과 표현은 새로운 것을 창조하며 가능해진다. 미래를 풍요롭게 할 수 있는 유일한 방법은 우리의 아이들이 생각하는 것을 스스로 만들어볼 수 있게 해주는 것에서 출발한다. 이 책은 이런 관점에서 가족과 함께 메이크 하는 전 과정을 잘 담고 있다.

이승민 메이커 (CASE 대표)

혼자해 보는 어린이 과학실험
(실험, 공작으로 배우는 과학의 원리)
윤실 지음
가격: 12,000원

과학적 탐구심이 높은 아이들에게 좋은 과학 실험서. 이 책은 아이들이 호기심을 가질 만한 5가지 주제 아래 작은 주제들을 세분화해 놓았다.

마술보다 재미난 과학실험
(실험, 공작으로 배우는 과학의 원리)
윤실 지음
가격: 12,000원

어린이들이 하는 실험과 관찰 그리고 공작을 쉬운 방법으로 짧은 시간에 재미있게 해볼 수 있다.

매직 과학실험 115가지
(혼자서 할 수 있는 실험 관찰 공작)
윤실 지음
가격: 12,000원

과학실험으로 배우는 어린이 과학 총서! <매직 과학실험 115가지>는 초등학생이 알아야 할 과학 내용을 재미있는 실험, 관찰, 공작으로 배울 수 있도록 구성되었다.

탐구왕의 과학실험
윤실 지음
가격: 12,000원

이 책은 우리 주변에서 쉽게 구할 수 있는 재료를 가지고 할 수 있는 과학 실험이 소개되어 있습니다. 어린이는 120여 가지의 과학 실험을 통해 과학에 대한 흥미를 가지게 될 것입니다.